Beißbuch für Klimaschützer
Als Alternative zur Vollnarkose

Herold zu Moschdehner

Beißbuch für Klimaschützer

Als Alternative zur Vollnarkose

Bibliografische Information der Deutschen Nationalbibliothek
Die Deutsche Nationalbibliothek verzeichnet diese Publikation in der Deutschen Nationalbibliografie; detaillierte bibliografische Daten sind im Internet über http://dnb.d-nb.de abrufbar.

ISBN 9783756839209

Copyright (2022) Herold zu Moschdehner
Herstellung und Verlag: BoD - Books on Demand, Norderstedt
Alle Rechte bei dem Autoren.

19,99 Euro

FSC
www.fsc.org
MIX
Papier aus ver-
antwortungsvollen
Quellen
Paper from
responsible sources
FSC® C105338

Eine 7-stündige OP mit Vollnarkose entspricht den
Emissionen einer 8000 km langen Autofahrt. Dies ist
erheblich und schädigt die Natur und im Enddefekt
andere Menschen und Tiere.
Darum habe ich mit vielen Experten dieses Buch
gefertigt. Es passt in jeden Mund und verträgt mehrere
Bisse. Somit kann es auch vererbt oder weitergegeben
werden und ist sehr nachhaltig.

Ihr Herold zu Moschdehner

Beiß den Schmerz weg! Beiß den Schmerz weg!
Beiß den Schmerz weg!
Beiß den Schmerz weg!
Beiß den Schmerz weg!
Beiß den Schmerz weg!
Beiß den Schmerz weg!
Beiß den Schmerz weg!
Beiß den Schmerz weg!
Beiß den Schmerz weg!
Beiß den Schmerz weg!
Beiß den Schmerz weg!
Beiß den Schmerz weg!
Beiß den Schmerz weg!
Beiß den Schmerz weg!
Beiß den Schmerz weg!
Beiß den Schmerz weg!
Beiß den Schmerz weg!
Beiß den Schmerz weg!
Beiß den Schmerz weg!
Beiß den Schmerz weg!
Beiß den Schmerz weg!
Beiß den Schmerz weg!
Beiß den Schmerz weg!
Beiß den Schmerz weg!
Beiß den Schmerz weg!
Beiß den Schmerz weg!
Beiß den Schmerz weg!
Beiß den Schmerz weg!
Beiß den Schmerz weg!
Beiß den Schmerz weg!
Beiß den Schmerz weg!
Beiß den Schmerz weg!
Beiß den Schmerz weg!
Beiß den Schmerz weg!
Beiß den Schmerz weg!
Beiß den Schmerz weg!

Beiß den Schmerz weg!
Beiß den Schmerz weg!
Beiß den Schmerz weg!
Beiß den Schmerz weg!
Beiß den Schmerz weg!
Beiß den Schmerz weg!
Beiß den Schmerz weg!
Beiß den Schmerz weg!
Beiß den Schmerz weg!
Beiß den Schmerz weg!
Beiß den Schmerz weg!
Beiß den Schmerz weg!
Beiß den Schmerz weg!
Beiß den Schmerz weg!
Beiß den Schmerz weg!
Beiß den Schmerz weg!
Beiß den Schmerz weg!
Beiß den Schmerz weg!
Beiß den Schmerz weg!
Beiß den Schmerz weg!
Beiß den Schmerz weg!
Beiß den Schmerz weg!
Beiß den Schmerz weg!
Beiß den Schmerz weg!
Beiß den Schmerz weg!
Beiß den Schmerz weg!
Beiß den Schmerz weg!
Beiß den Schmerz weg!
Beiß den Schmerz weg!
Beiß den Schmerz weg!
Beiß den Schmerz weg!
Beiß den Schmerz weg!
Beiß den Schmerz weg!
Beiß den Schmerz weg!
Beiß den Schmerz weg!
Beiß den Schmerz weg!

Beiß den Schmerz weg!
Beiß den Schmerz weg!
Beiß den Schmerz weg!
Beiß den Schmerz weg!
Beiß den Schmerz weg!
Beiß den Schmerz weg!
Beiß den Schmerz weg!
Beiß den Schmerz weg!
Beiß den Schmerz weg!
Beiß den Schmerz weg!
Beiß den Schmerz weg!
Beiß den Schmerz weg!
Beiß den Schmerz weg!
Beiß den Schmerz weg!
Beiß den Schmerz weg!
Beiß den Schmerz weg!
Beiß den Schmerz weg!
Beiß den Schmerz weg!
Beiß den Schmerz weg!
Beiß den Schmerz weg!
Beiß den Schmerz weg!
Beiß den Schmerz weg!
Beiß den Schmerz weg!
Beiß den Schmerz weg!
Beiß den Schmerz weg!
Beiß den Schmerz weg!
Beiß den Schmerz weg!
Beiß den Schmerz weg!
Beiß den Schmerz weg!
Beiß den Schmerz weg!
Beiß den Schmerz weg!
Beiß den Schmerz weg!
Beiß den Schmerz weg!
Beiß den Schmerz weg!
Beiß den Schmerz weg!
Beiß den Schmerz weg!
Beiß den Schmerz weg!
Beiß den Schmerz weg!

Beiß den Schmerz weg!
Beiß den Schmerz weg!
Beiß den Schmerz weg!
Beiß den Schmerz weg!
Beiß den Schmerz weg!
Beiß den Schmerz weg!
Beiß den Schmerz weg!
Beiß den Schmerz weg!
Beiß den Schmerz weg!
Beiß den Schmerz weg!
Beiß den Schmerz weg!
Beiß den Schmerz weg!
Beiß den Schmerz weg!
Beiß den Schmerz weg!
Beiß den Schmerz weg!
Beiß den Schmerz weg!
Beiß den Schmerz weg!
Beiß den Schmerz weg!
Beiß den Schmerz weg!
Beiß den Schmerz weg!
Beiß den Schmerz weg!
Beiß den Schmerz weg!
Beiß den Schmerz weg!
Beiß den Schmerz weg!
Beiß den Schmerz weg!
Beiß den Schmerz weg!
Beiß den Schmerz weg!
Beiß den Schmerz weg!
Beiß den Schmerz weg!
Beiß den Schmerz weg!
Beiß den Schmerz weg!
Beiß den Schmerz weg!
Beiß den Schmerz weg!
Beiß den Schmerz weg!
Beiß den Schmerz weg!
Beiß den Schmerz weg!

Beiß den Schmerz weg!
Beiß den Schmerz weg!
Beiß den Schmerz weg!
Beiß den Schmerz weg!
Beiß den Schmerz weg!
Beiß den Schmerz weg!
Beiß den Schmerz weg!
Beiß den Schmerz weg!
Beiß den Schmerz weg!
Beiß den Schmerz weg!
Beiß den Schmerz weg!
Beiß den Schmerz weg!
Beiß den Schmerz weg!
Beiß den Schmerz weg!
Beiß den Schmerz weg!
Beiß den Schmerz weg!
Beiß den Schmerz weg!
Beiß den Schmerz weg!
Beiß den Schmerz weg!
Beiß den Schmerz weg!
Beiß den Schmerz weg!
Beiß den Schmerz weg!
Beiß den Schmerz weg!
Beiß den Schmerz weg!
Beiß den Schmerz weg!
Beiß den Schmerz weg!
Beiß den Schmerz weg!
Beiß den Schmerz weg!
Beiß den Schmerz weg!
Beiß den Schmerz weg!
Beiß den Schmerz weg!
Beiß den Schmerz weg!
Beiß den Schmerz weg!

Beiß den Schmerz weg!
Beiß den Schmerz weg!
Beiß den Schmerz weg!
Beiß den Schmerz weg!
Beiß den Schmerz weg!
Beiß den Schmerz weg!
Beiß den Schmerz weg!
Beiß den Schmerz weg!
Beiß den Schmerz weg!
Beiß den Schmerz weg!
Beiß den Schmerz weg!
Beiß den Schmerz weg!
Beiß den Schmerz weg!
Beiß den Schmerz weg!
Beiß den Schmerz weg!
Beiß den Schmerz weg!
Beiß den Schmerz weg!
Beiß den Schmerz weg!
Beiß den Schmerz weg!
Beiß den Schmerz weg!
Beiß den Schmerz weg!
Beiß den Schmerz weg!
Beiß den Schmerz weg!
Beiß den Schmerz weg!
Beiß den Schmerz weg!
Beiß den Schmerz weg!
Beiß den Schmerz weg!
Beiß den Schmerz weg!
Beiß den Schmerz weg!
Beiß den Schmerz weg!
Beiß den Schmerz weg!
Beiß den Schmerz weg!
Beiß den Schmerz weg!
Beiß den Schmerz weg!

Beiß den Schmerz weg!
Beiß den Schmerz weg!
Beiß den Schmerz weg!
Beiß den Schmerz weg!
Beiß den Schmerz weg!
Beiß den Schmerz weg!
Beiß den Schmerz weg!
Beiß den Schmerz weg!
Beiß den Schmerz weg!
Beiß den Schmerz weg!
Beiß den Schmerz weg!
Beiß den Schmerz weg!
Beiß den Schmerz weg!
Beiß den Schmerz weg!
Beiß den Schmerz weg!
Beiß den Schmerz weg!
Beiß den Schmerz weg!
Beiß den Schmerz weg!
Beiß den Schmerz weg!
Beiß den Schmerz weg!
Beiß den Schmerz weg!
Beiß den Schmerz weg!
Beiß den Schmerz weg!
Beiß den Schmerz weg!
Beiß den Schmerz weg!
Beiß den Schmerz weg!
Beiß den Schmerz weg!
Beiß den Schmerz weg!
Beiß den Schmerz weg!
Beiß den Schmerz weg!
Beiß den Schmerz weg!
Beiß den Schmerz weg!
Beiß den Schmerz weg!
Beiß den Schmerz weg!
Beiß den Schmerz weg!
Beiß den Schmerz weg!

Beiß den Schmerz weg!
Beiß den Schmerz weg!
Beiß den Schmerz weg!
Beiß den Schmerz weg!
Beiß den Schmerz weg!
Beiß den Schmerz weg!
Beiß den Schmerz weg!
Beiß den Schmerz weg!
Beiß den Schmerz weg!
Beiß den Schmerz weg!
Beiß den Schmerz weg!
Beiß den Schmerz weg!
Beiß den Schmerz weg!
Beiß den Schmerz weg!
Beiß den Schmerz weg!
Beiß den Schmerz weg!
Beiß den Schmerz weg!
Beiß den Schmerz weg!
Beiß den Schmerz weg!
Beiß den Schmerz weg!
Beiß den Schmerz weg!
Beiß den Schmerz weg!
Beiß den Schmerz weg!
Beiß den Schmerz weg!
Beiß den Schmerz weg!
Beiß den Schmerz weg!
Beiß den Schmerz weg!
Beiß den Schmerz weg!
Beiß den Schmerz weg!
Beiß den Schmerz weg!
Beiß den Schmerz weg!
Beiß den Schmerz weg!
Beiß den Schmerz weg!
Beiß den Schmerz weg!
Beiß den Schmerz weg!

Beiß den Schmerz weg!
Beiß den Schmerz weg!
Beiß den Schmerz weg!
Beiß den Schmerz weg!
Beiß den Schmerz weg!
Beiß den Schmerz weg!
Beiß den Schmerz weg!
Beiß den Schmerz weg!
Beiß den Schmerz weg!
Beiß den Schmerz weg!
Beiß den Schmerz weg!
Beiß den Schmerz weg!
Beiß den Schmerz weg!
Beiß den Schmerz weg!
Beiß den Schmerz weg!
Beiß den Schmerz weg!
Beiß den Schmerz weg!
Beiß den Schmerz weg!
Beiß den Schmerz weg!
Beiß den Schmerz weg!
Beiß den Schmerz weg!
Beiß den Schmerz weg!
Beiß den Schmerz weg!
Beiß den Schmerz weg!
Beiß den Schmerz weg!
Beiß den Schmerz weg!
Beiß den Schmerz weg!
Beiß den Schmerz weg!
Beiß den Schmerz weg!
Beiß den Schmerz weg!
Beiß den Schmerz weg!
Beiß den Schmerz weg!

Beiß den Schmerz weg!
Beiß den Schmerz weg!
Beiß den Schmerz weg!
Beiß den Schmerz weg!
Beiß den Schmerz weg!
Beiß den Schmerz weg!
Beiß den Schmerz weg!
Beiß den Schmerz weg!
Beiß den Schmerz weg!
Beiß den Schmerz weg!
Beiß den Schmerz weg!
Beiß den Schmerz weg!
Beiß den Schmerz weg!
Beiß den Schmerz weg!
Beiß den Schmerz weg!
Beiß den Schmerz weg!
Beiß den Schmerz weg!
Beiß den Schmerz weg!
Beiß den Schmerz weg!
Beiß den Schmerz weg!
Beiß den Schmerz weg!
Beiß den Schmerz weg!
Beiß den Schmerz weg!
Beiß den Schmerz weg!
Beiß den Schmerz weg!
Beiß den Schmerz weg!
Beiß den Schmerz weg!
Beiß den Schmerz weg!
Beiß den Schmerz weg!
Beiß den Schmerz weg!
Beiß den Schmerz weg!
Beiß den Schmerz weg!
Beiß den Schmerz weg!
Beiß den Schmerz weg!

Beiß den Schmerz weg!
Beiß den Schmerz weg!
Beiß den Schmerz weg!
Beiß den Schmerz weg!
Beiß den Schmerz weg!
Beiß den Schmerz weg!
Beiß den Schmerz weg!
Beiß den Schmerz weg!
Beiß den Schmerz weg!
Beiß den Schmerz weg!
Beiß den Schmerz weg!
Beiß den Schmerz weg!
Beiß den Schmerz weg!
Beiß den Schmerz weg!
Beiß den Schmerz weg!
Beiß den Schmerz weg!
Beiß den Schmerz weg!
Beiß den Schmerz weg!
Beiß den Schmerz weg!
Beiß den Schmerz weg!
Beiß den Schmerz weg!
Beiß den Schmerz weg!
Beiß den Schmerz weg!
Beiß den Schmerz weg!
Beiß den Schmerz weg!
Beiß den Schmerz weg!
Beiß den Schmerz weg!
Beiß den Schmerz weg!
Beiß den Schmerz weg!
Beiß den Schmerz weg!
Beiß den Schmerz weg!
Beiß den Schmerz weg!
Beiß den Schmerz weg!
Beiß den Schmerz weg!
Beiß den Schmerz weg!
Beiß den Schmerz weg!
Beiß den Schmerz weg!
Beiß den Schmerz weg!
Beiß den Schmerz weg!
Beiß den Schmerz weg!
Beiß den Schmerz weg!

Beiß den Schmerz weg!
Beiß den Schmerz weg!
Beiß den Schmerz weg!
Beiß den Schmerz weg!
Beiß den Schmerz weg!
Beiß den Schmerz weg!
Beiß den Schmerz weg!
Beiß den Schmerz weg!
Beiß den Schmerz weg!
Beiß den Schmerz weg!
Beiß den Schmerz weg!
Beiß den Schmerz weg!
Beiß den Schmerz weg!
Beiß den Schmerz weg!
Beiß den Schmerz weg!
Beiß den Schmerz weg!
Beiß den Schmerz weg!
Beiß den Schmerz weg!
Beiß den Schmerz weg!
Beiß den Schmerz weg!
Beiß den Schmerz weg!
Beiß den Schmerz weg!
Beiß den Schmerz weg!
Beiß den Schmerz weg!
Beiß den Schmerz weg!
Beiß den Schmerz weg!
Beiß den Schmerz weg!
Beiß den Schmerz weg!
Beiß den Schmerz weg!
Beiß den Schmerz weg!
Beiß den Schmerz weg!
Beiß den Schmerz weg!

Beiß den Schmerz weg!
Beiß den Schmerz weg!
Beiß den Schmerz weg!
Beiß den Schmerz weg!
Beiß den Schmerz weg!
Beiß den Schmerz weg!
Beiß den Schmerz weg!
Beiß den Schmerz weg!
Beiß den Schmerz weg!
Beiß den Schmerz weg!
Beiß den Schmerz weg!
Beiß den Schmerz weg!
Beiß den Schmerz weg!
Beiß den Schmerz weg!
Beiß den Schmerz weg!
Beiß den Schmerz weg!
Beiß den Schmerz weg!
Beiß den Schmerz weg!
Beiß den Schmerz weg!
Beiß den Schmerz weg!
Beiß den Schmerz weg!
Beiß den Schmerz weg!
Beiß den Schmerz weg!
Beiß den Schmerz weg!
Beiß den Schmerz weg!
Beiß den Schmerz weg!
Beiß den Schmerz weg!
Beiß den Schmerz weg!
Beiß den Schmerz weg!
Beiß den Schmerz weg!
Beiß den Schmerz weg!
Beiß den Schmerz weg!
Beiß den Schmerz weg!
Beiß den Schmerz weg!
Beiß den Schmerz weg!
Beiß den Schmerz weg!
Beiß den Schmerz weg!
Beiß den Schmerz weg!
Beiß den Schmerz weg!
Beiß den Schmerz weg!
Beiß den Schmerz weg!
Beiß den Schmerz weg!
Beiß den Schmerz weg!
Beiß den Schmerz weg!

Beiß den Schmerz weg!
Beiß den Schmerz weg!
Beiß den Schmerz weg!
Beiß den Schmerz weg!
Beiß den Schmerz weg!
Beiß den Schmerz weg!
Beiß den Schmerz weg!
Beiß den Schmerz weg!
Beiß den Schmerz weg!
Beiß den Schmerz weg!
Beiß den Schmerz weg!
Beiß den Schmerz weg!
Beiß den Schmerz weg!
Beiß den Schmerz weg!
Beiß den Schmerz weg!
Beiß den Schmerz weg!
Beiß den Schmerz weg!
Beiß den Schmerz weg!
Beiß den Schmerz weg!
Beiß den Schmerz weg!
Beiß den Schmerz weg!
Beiß den Schmerz weg!
Beiß den Schmerz weg!
Beiß den Schmerz weg!
Beiß den Schmerz weg!
Beiß den Schmerz weg!
Beiß den Schmerz weg!
Beiß den Schmerz weg!
Beiß den Schmerz weg!
Beiß den Schmerz weg!
Beiß den Schmerz weg!
Beiß den Schmerz weg!
Beiß den Schmerz weg!
Beiß den Schmerz weg!

Beiß den Schmerz weg!
Beiß den Schmerz weg!
Beiß den Schmerz weg!
Beiß den Schmerz weg!
Beiß den Schmerz weg!
Beiß den Schmerz weg!
Beiß den Schmerz weg!
Beiß den Schmerz weg!
Beiß den Schmerz weg!
Beiß den Schmerz weg!
Beiß den Schmerz weg!
Beiß den Schmerz weg!
Beiß den Schmerz weg!
Beiß den Schmerz weg!
Beiß den Schmerz weg!
Beiß den Schmerz weg!
Beiß den Schmerz weg!
Beiß den Schmerz weg!
Beiß den Schmerz weg!
Beiß den Schmerz weg!
Beiß den Schmerz weg!
Beiß den Schmerz weg!
Beiß den Schmerz weg!
Beiß den Schmerz weg!
Beiß den Schmerz weg!
Beiß den Schmerz weg!
Beiß den Schmerz weg!
Beiß den Schmerz weg!
Beiß den Schmerz weg!
Beiß den Schmerz weg!
Beiß den Schmerz weg!
Beiß den Schmerz weg!
Beiß den Schmerz weg!
Beiß den Schmerz weg!
Beiß den Schmerz weg!
Beiß den Schmerz weg!

Beiß den Schmerz weg!
Beiß den Schmerz weg!
Beiß den Schmerz weg!
Beiß den Schmerz weg!
Beiß den Schmerz weg!
Beiß den Schmerz weg!
Beiß den Schmerz weg!
Beiß den Schmerz weg!
Beiß den Schmerz weg!
Beiß den Schmerz weg!
Beiß den Schmerz weg!
Beiß den Schmerz weg!
Beiß den Schmerz weg!
Beiß den Schmerz weg!
Beiß den Schmerz weg!
Beiß den Schmerz weg!
Beiß den Schmerz weg!
Beiß den Schmerz weg!
Beiß den Schmerz weg!
Beiß den Schmerz weg!
Beiß den Schmerz weg!
Beiß den Schmerz weg!
Beiß den Schmerz weg!
Beiß den Schmerz weg!
Beiß den Schmerz weg!
Beiß den Schmerz weg!
Beiß den Schmerz weg!
Beiß den Schmerz weg!
Beiß den Schmerz weg!
Beiß den Schmerz weg!
Beiß den Schmerz weg!
Beiß den Schmerz weg!
Beiß den Schmerz weg!
Beiß den Schmerz weg!

Beiß den Schmerz weg!
Beiß den Schmerz weg!
Beiß den Schmerz weg!
Beiß den Schmerz weg!
Beiß den Schmerz weg!
Beiß den Schmerz weg!
Beiß den Schmerz weg!
Beiß den Schmerz weg!
Beiß den Schmerz weg!
Beiß den Schmerz weg!
Beiß den Schmerz weg!
Beiß den Schmerz weg!
Beiß den Schmerz weg!
Beiß den Schmerz weg!
Beiß den Schmerz weg!
Beiß den Schmerz weg!
Beiß den Schmerz weg!
Beiß den Schmerz weg!
Beiß den Schmerz weg!
Beiß den Schmerz weg!
Beiß den Schmerz weg!
Beiß den Schmerz weg!
Beiß den Schmerz weg!
Beiß den Schmerz weg!
Beiß den Schmerz weg!
Beiß den Schmerz weg!
Beiß den Schmerz weg!
Beiß den Schmerz weg!
Beiß den Schmerz weg!
Beiß den Schmerz weg!
Beiß den Schmerz weg!
Beiß den Schmerz weg!
Beiß den Schmerz weg!

Beiß den Schmerz weg!
Beiß den Schmerz weg!
Beiß den Schmerz weg!
Beiß den Schmerz weg!
Beiß den Schmerz weg!
Beiß den Schmerz weg!
Beiß den Schmerz weg!
Beiß den Schmerz weg!
Beiß den Schmerz weg!
Beiß den Schmerz weg! Beiß den Schmerz weg!
Beiß den Schmerz weg!
Beiß den Schmerz weg!
Beiß den Schmerz weg!
Beiß den Schmerz weg!
Beiß den Schmerz weg!
Beiß den Schmerz weg!
Beiß den Schmerz weg!
Beiß den Schmerz weg!
Beiß den Schmerz weg!
Beiß den Schmerz weg!
Beiß den Schmerz weg!
Beiß den Schmerz weg!
Beiß den Schmerz weg!
Beiß den Schmerz weg!
Beiß den Schmerz weg!
Beiß den Schmerz weg!
Beiß den Schmerz weg!
Beiß den Schmerz weg!
Beiß den Schmerz weg!
Beiß den Schmerz weg!
Beiß den Schmerz weg!
Beiß den Schmerz weg!
Beiß den Schmerz weg!
Beiß den Schmerz weg!

Beiß den Schmerz weg!
Beiß den Schmerz weg!
Beiß den Schmerz weg!
Beiß den Schmerz weg!
Beiß den Schmerz weg!
Beiß den Schmerz weg!
Beiß den Schmerz weg!
Beiß den Schmerz weg!
Beiß den Schmerz weg!
Beiß den Schmerz weg!
Beiß den Schmerz weg!
Beiß den Schmerz weg!
Beiß den Schmerz weg!
Beiß den Schmerz weg!
Beiß den Schmerz weg!
Beiß den Schmerz weg!
Beiß den Schmerz weg!
Beiß den Schmerz weg!
Beiß den Schmerz weg!
Beiß den Schmerz weg!
Beiß den Schmerz weg!
Beiß den Schmerz weg!
Beiß den Schmerz weg!
Beiß den Schmerz weg!
Beiß den Schmerz weg!
Beiß den Schmerz weg!
Beiß den Schmerz weg!
Beiß den Schmerz weg!
Beiß den Schmerz weg!
Beiß den Schmerz weg!
Beiß den Schmerz weg!
Beiß den Schmerz weg!
Beiß den Schmerz weg!
Beiß den Schmerz weg!
Beiß den Schmerz weg!

Beiß den Schmerz weg!
Beiß den Schmerz weg!
Beiß den Schmerz weg!
Beiß den Schmerz weg!
Beiß den Schmerz weg!
Beiß den Schmerz weg!
Beiß den Schmerz weg!
Beiß den Schmerz weg!
Beiß den Schmerz weg!
Beiß den Schmerz weg!
Beiß den Schmerz weg!
Beiß den Schmerz weg!
Beiß den Schmerz weg!
Beiß den Schmerz weg!
Beiß den Schmerz weg!
Beiß den Schmerz weg!
Beiß den Schmerz weg!
Beiß den Schmerz weg!
Beiß den Schmerz weg!
Beiß den Schmerz weg!
Beiß den Schmerz weg!
Beiß den Schmerz weg!
Beiß den Schmerz weg!
Beiß den Schmerz weg!
Beiß den Schmerz weg!
Beiß den Schmerz weg!
Beiß den Schmerz weg!
Beiß den Schmerz weg!
Beiß den Schmerz weg!
Beiß den Schmerz weg!
Beiß den Schmerz weg!
Beiß den Schmerz weg!
Beiß den Schmerz weg!
Beiß den Schmerz weg!

Beiß den Schmerz weg!
Beiß den Schmerz weg!
Beiß den Schmerz weg!
Beiß den Schmerz weg!
Beiß den Schmerz weg!
Beiß den Schmerz weg!
Beiß den Schmerz weg!
Beiß den Schmerz weg!
Beiß den Schmerz weg!
Beiß den Schmerz weg!
Beiß den Schmerz weg!
Beiß den Schmerz weg!
Beiß den Schmerz weg!
Beiß den Schmerz weg!
Beiß den Schmerz weg!
Beiß den Schmerz weg!
Beiß den Schmerz weg!
Beiß den Schmerz weg!
Beiß den Schmerz weg!
Beiß den Schmerz weg!
Beiß den Schmerz weg!
Beiß den Schmerz weg!
Beiß den Schmerz weg!
Beiß den Schmerz weg!
Beiß den Schmerz weg!
Beiß den Schmerz weg!
Beiß den Schmerz weg!
Beiß den Schmerz weg!
Beiß den Schmerz weg!
Beiß den Schmerz weg!
Beiß den Schmerz weg!
Beiß den Schmerz weg!
Beiß den Schmerz weg!

Beiß den Schmerz weg!
Beiß den Schmerz weg!
Beiß den Schmerz weg!
Beiß den Schmerz weg!
Beiß den Schmerz weg!
Beiß den Schmerz weg!
Beiß den Schmerz weg!
Beiß den Schmerz weg!
Beiß den Schmerz weg!
Beiß den Schmerz weg!
Beiß den Schmerz weg!
Beiß den Schmerz weg!
Beiß den Schmerz weg!
Beiß den Schmerz weg!
Beiß den Schmerz weg!
Beiß den Schmerz weg!
Beiß den Schmerz weg!
Beiß den Schmerz weg!
Beiß den Schmerz weg!
Beiß den Schmerz weg!
Beiß den Schmerz weg!
Beiß den Schmerz weg!
Beiß den Schmerz weg!
Beiß den Schmerz weg!
Beiß den Schmerz weg!
Beiß den Schmerz weg!
Beiß den Schmerz weg!
Beiß den Schmerz weg!
Beiß den Schmerz weg!
Beiß den Schmerz weg!
Beiß den Schmerz weg!
Beiß den Schmerz weg!
Beiß den Schmerz weg!
Beiß den Schmerz weg!
Beiß den Schmerz weg!
Beiß den Schmerz weg!

Beiß den Schmerz weg!
Beiß den Schmerz weg!
Beiß den Schmerz weg!
Beiß den Schmerz weg!
Beiß den Schmerz weg!
Beiß den Schmerz weg!
Beiß den Schmerz weg!
Beiß den Schmerz weg!
Beiß den Schmerz weg!
Beiß den Schmerz weg!
Beiß den Schmerz weg!
Beiß den Schmerz weg!
Beiß den Schmerz weg!
Beiß den Schmerz weg!
Beiß den Schmerz weg!
Beiß den Schmerz weg!
Beiß den Schmerz weg!
Beiß den Schmerz weg!
Beiß den Schmerz weg!
Beiß den Schmerz weg!
Beiß den Schmerz weg!
Beiß den Schmerz weg!
Beiß den Schmerz weg!
Beiß den Schmerz weg!
Beiß den Schmerz weg!
Beiß den Schmerz weg!
Beiß den Schmerz weg!
Beiß den Schmerz weg!
Beiß den Schmerz weg!
Beiß den Schmerz weg!
Beiß den Schmerz weg!
Beiß den Schmerz weg!
Beiß den Schmerz weg!
Beiß den Schmerz weg!

Beiß den Schmerz weg!
Beiß den Schmerz weg!
Beiß den Schmerz weg!
Beiß den Schmerz weg!
Beiß den Schmerz weg!
Beiß den Schmerz weg!
Beiß den Schmerz weg!
Beiß den Schmerz weg!
Beiß den Schmerz weg!
Beiß den Schmerz weg!
Beiß den Schmerz weg!
Beiß den Schmerz weg!
Beiß den Schmerz weg!
Beiß den Schmerz weg!
Beiß den Schmerz weg!
Beiß den Schmerz weg!
Beiß den Schmerz weg!
Beiß den Schmerz weg!
Beiß den Schmerz weg!
Beiß den Schmerz weg!
Beiß den Schmerz weg!
Beiß den Schmerz weg!
Beiß den Schmerz weg!
Beiß den Schmerz weg!
Beiß den Schmerz weg!
Beiß den Schmerz weg!
Beiß den Schmerz weg!
Beiß den Schmerz weg!
Beiß den Schmerz weg!
Beiß den Schmerz weg!
Beiß den Schmerz weg!
Beiß den Schmerz weg!
Beiß den Schmerz weg!
Beiß den Schmerz weg!
Beiß den Schmerz weg!
Beiß den Schmerz weg!
Beiß den Schmerz weg!
Beiß den Schmerz weg!
Beiß den Schmerz weg!

Beiß den Schmerz weg!
Beiß den Schmerz weg!
Beiß den Schmerz weg!
Beiß den Schmerz weg!
Beiß den Schmerz weg!
Beiß den Schmerz weg!
Beiß den Schmerz weg!
Beiß den Schmerz weg!
Beiß den Schmerz weg!
Beiß den Schmerz weg!
Beiß den Schmerz weg!
Beiß den Schmerz weg!
Beiß den Schmerz weg!
Beiß den Schmerz weg!
Beiß den Schmerz weg!
Beiß den Schmerz weg!
Beiß den Schmerz weg!
Beiß den Schmerz weg!
Beiß den Schmerz weg!
Beiß den Schmerz weg!
Beiß den Schmerz weg!
Beiß den Schmerz weg!
Beiß den Schmerz weg!
Beiß den Schmerz weg!
Beiß den Schmerz weg!
Beiß den Schmerz weg!
Beiß den Schmerz weg!
Beiß den Schmerz weg!
Beiß den Schmerz weg!
Beiß den Schmerz weg!
Beiß den Schmerz weg!
Beiß den Schmerz weg!
Beiß den Schmerz weg!
Beiß den Schmerz weg!
Beiß den Schmerz weg!
Beiß den Schmerz weg!
Beiß den Schmerz weg!
Beiß den Schmerz weg!
Beiß den Schmerz weg!
Beiß den Schmerz weg!
Beiß den Schmerz weg!

Beiß den Schmerz weg!
Beiß den Schmerz weg!
Beiß den Schmerz weg!
Beiß den Schmerz weg!
Beiß den Schmerz weg!
Beiß den Schmerz weg!
Beiß den Schmerz weg!
Beiß den Schmerz weg!
Beiß den Schmerz weg!
Beiß den Schmerz weg!
Beiß den Schmerz weg!
Beiß den Schmerz weg!
Beiß den Schmerz weg!
Beiß den Schmerz weg!
Beiß den Schmerz weg!
Beiß den Schmerz weg!
Beiß den Schmerz weg!
Beiß den Schmerz weg!
Beiß den Schmerz weg!
Beiß den Schmerz weg!
Beiß den Schmerz weg!
Beiß den Schmerz weg!
Beiß den Schmerz weg!
Beiß den Schmerz weg!
Beiß den Schmerz weg!
Beiß den Schmerz weg!
Beiß den Schmerz weg!
Beiß den Schmerz weg!
Beiß den Schmerz weg!
Beiß den Schmerz weg!
Beiß den Schmerz weg!
Beiß den Schmerz weg!
Beiß den Schmerz weg!

Beiß den Schmerz weg!
Beiß den Schmerz weg!
Beiß den Schmerz weg!
Beiß den Schmerz weg!
Beiß den Schmerz weg!
Beiß den Schmerz weg!
Beiß den Schmerz weg!
Beiß den Schmerz weg!
Beiß den Schmerz weg!
Beiß den Schmerz weg!
Beiß den Schmerz weg!
Beiß den Schmerz weg!
Beiß den Schmerz weg!
Beiß den Schmerz weg!
Beiß den Schmerz weg!
Beiß den Schmerz weg!
Beiß den Schmerz weg!
Beiß den Schmerz weg!
Beiß den Schmerz weg!
Beiß den Schmerz weg!
Beiß den Schmerz weg!
Beiß den Schmerz weg!
Beiß den Schmerz weg!
Beiß den Schmerz weg!
Beiß den Schmerz weg!
Beiß den Schmerz weg!
Beiß den Schmerz weg!
Beiß den Schmerz weg!
Beiß den Schmerz weg!
Beiß den Schmerz weg!
Beiß den Schmerz weg!
Beiß den Schmerz weg!
Beiß den Schmerz weg!
Beiß den Schmerz weg!
Beiß den Schmerz weg!

Beiß den Schmerz weg!
Beiß den Schmerz weg!
Beiß den Schmerz weg!
Beiß den Schmerz weg!
Beiß den Schmerz weg!
Beiß den Schmerz weg!
Beiß den Schmerz weg!
Beiß den Schmerz weg!
Beiß den Schmerz weg!
Beiß den Schmerz weg!
Beiß den Schmerz weg!
Beiß den Schmerz weg!
Beiß den Schmerz weg!
Beiß den Schmerz weg!
Beiß den Schmerz weg!
Beiß den Schmerz weg!
Beiß den Schmerz weg!
Beiß den Schmerz weg!
Beiß den Schmerz weg!
Beiß den Schmerz weg!
Beiß den Schmerz weg!
Beiß den Schmerz weg!
Beiß den Schmerz weg!
Beiß den Schmerz weg!
Beiß den Schmerz weg!
Beiß den Schmerz weg!
Beiß den Schmerz weg!
Beiß den Schmerz weg!
Beiß den Schmerz weg!
Beiß den Schmerz weg!
Beiß den Schmerz weg!
Beiß den Schmerz weg!
Beiß den Schmerz weg!

Beiß den Schmerz weg!
Beiß den Schmerz weg!
Beiß den Schmerz weg!
Beiß den Schmerz weg!
Beiß den Schmerz weg!
Beiß den Schmerz weg!
Beiß den Schmerz weg!
Beiß den Schmerz weg!
Beiß den Schmerz weg!
Beiß den Schmerz weg!
Beiß den Schmerz weg!
Beiß den Schmerz weg!
Beiß den Schmerz weg!
Beiß den Schmerz weg!
Beiß den Schmerz weg!
Beiß den Schmerz weg!
Beiß den Schmerz weg!
Beiß den Schmerz weg!
Beiß den Schmerz weg!
Beiß den Schmerz weg!
Beiß den Schmerz weg!
Beiß den Schmerz weg!
Beiß den Schmerz weg!
Beiß den Schmerz weg!
Beiß den Schmerz weg!
Beiß den Schmerz weg!
Beiß den Schmerz weg!
Beiß den Schmerz weg!
Beiß den Schmerz weg!
Beiß den Schmerz weg!
Beiß den Schmerz weg!
Beiß den Schmerz weg!
Beiß den Schmerz weg!
Beiß den Schmerz weg!

Beiß den Schmerz weg!
Beiß den Schmerz weg!
Beiß den Schmerz weg!
Beiß den Schmerz weg!
Beiß den Schmerz weg!
Beiß den Schmerz weg!
Beiß den Schmerz weg!
Beiß den Schmerz weg!
Beiß den Schmerz weg!
Beiß den Schmerz weg!
Beiß den Schmerz weg!
Beiß den Schmerz weg!
Beiß den Schmerz weg!
Beiß den Schmerz weg!
Beiß den Schmerz weg!
Beiß den Schmerz weg!
Beiß den Schmerz weg!
Beiß den Schmerz weg!
Beiß den Schmerz weg!
Beiß den Schmerz weg!
Beiß den Schmerz weg!
Beiß den Schmerz weg!
Beiß den Schmerz weg!
Beiß den Schmerz weg!
Beiß den Schmerz weg!
Beiß den Schmerz weg!
Beiß den Schmerz weg!
Beiß den Schmerz weg!
Beiß den Schmerz weg!
Beiß den Schmerz weg!
Beiß den Schmerz weg!
Beiß den Schmerz weg!
Beiß den Schmerz weg!
Beiß den Schmerz weg!

Beiß den Schmerz weg!
Beiß den Schmerz weg!
Beiß den Schmerz weg!
Beiß den Schmerz weg!
Beiß den Schmerz weg!
Beiß den Schmerz weg!
Beiß den Schmerz weg!
Beiß den Schmerz weg!
Beiß den Schmerz weg!
Beiß den Schmerz weg!
Beiß den Schmerz weg!
Beiß den Schmerz weg!
Beiß den Schmerz weg!
Beiß den Schmerz weg!
Beiß den Schmerz weg!
Beiß den Schmerz weg!
Beiß den Schmerz weg!
Beiß den Schmerz weg!
Beiß den Schmerz weg!
Beiß den Schmerz weg!
Beiß den Schmerz weg!
Beiß den Schmerz weg!
Beiß den Schmerz weg!
Beiß den Schmerz weg!
Beiß den Schmerz weg!
Beiß den Schmerz weg!
Beiß den Schmerz weg!
Beiß den Schmerz weg!
Beiß den Schmerz weg!
Beiß den Schmerz weg!
Beiß den Schmerz weg!
Beiß den Schmerz weg!
Beiß den Schmerz weg!
Beiß den Schmerz weg!

Beiß den Schmerz weg!
Beiß den Schmerz weg!
Beiß den Schmerz weg!
Beiß den Schmerz weg!
Beiß den Schmerz weg!
Beiß den Schmerz weg!
Beiß den Schmerz weg!
Beiß den Schmerz weg!
Beiß den Schmerz weg!
Beiß den Schmerz weg!
Beiß den Schmerz weg!
Beiß den Schmerz weg!
Beiß den Schmerz weg!
Beiß den Schmerz weg!
Beiß den Schmerz weg!
Beiß den Schmerz weg!
Beiß den Schmerz weg!
Beiß den Schmerz weg!
Beiß den Schmerz weg!
Beiß den Schmerz weg!
Beiß den Schmerz weg!
Beiß den Schmerz weg!
Beiß den Schmerz weg!
Beiß den Schmerz weg!
Beiß den Schmerz weg!
Beiß den Schmerz weg!
Beiß den Schmerz weg!
Beiß den Schmerz weg!
Beiß den Schmerz weg!
Beiß den Schmerz weg!
Beiß den Schmerz weg!
Beiß den Schmerz weg!
Beiß den Schmerz weg!
Beiß den Schmerz weg!

Beiß den Schmerz weg!
Beiß den Schmerz weg!
Beiß den Schmerz weg!
Beiß den Schmerz weg!
Beiß den Schmerz weg!
Beiß den Schmerz weg!
Beiß den Schmerz weg!
Beiß den Schmerz weg!
Beiß den Schmerz weg!
Beiß den Schmerz weg!
Beiß den Schmerz weg!
Beiß den Schmerz weg!
Beiß den Schmerz weg!
Beiß den Schmerz weg!
Beiß den Schmerz weg!
Beiß den Schmerz weg!
Beiß den Schmerz weg!
Beiß den Schmerz weg!
Beiß den Schmerz weg!
Beiß den Schmerz weg!
Beiß den Schmerz weg!
Beiß den Schmerz weg!
Beiß den Schmerz weg!
Beiß den Schmerz weg!
Beiß den Schmerz weg!
Beiß den Schmerz weg!
Beiß den Schmerz weg!
Beiß den Schmerz weg!
Beiß den Schmerz weg!
Beiß den Schmerz weg!
Beiß den Schmerz weg!
Beiß den Schmerz weg!
Beiß den Schmerz weg!
Beiß den Schmerz weg!

Beiß den Schmerz weg!
Beiß den Schmerz weg!
Beiß den Schmerz weg!
Beiß den Schmerz weg!
Beiß den Schmerz weg!
Beiß den Schmerz weg!
Beiß den Schmerz weg!
Beiß den Schmerz weg!
Beiß den Schmerz weg!
Beiß den Schmerz weg!
Beiß den Schmerz weg!
Beiß den Schmerz weg!
Beiß den Schmerz weg!
Beiß den Schmerz weg!
Beiß den Schmerz weg!
Beiß den Schmerz weg!
Beiß den Schmerz weg!
Beiß den Schmerz weg!
Beiß den Schmerz weg!
Beiß den Schmerz weg!
Beiß den Schmerz weg!
Beiß den Schmerz weg!
Beiß den Schmerz weg!
Beiß den Schmerz weg!
Beiß den Schmerz weg!
Beiß den Schmerz weg!
Beiß den Schmerz weg!
Beiß den Schmerz weg!
Beiß den Schmerz weg!
Beiß den Schmerz weg!
Beiß den Schmerz weg!
Beiß den Schmerz weg!
Beiß den Schmerz weg!
Beiß den Schmerz weg!
Beiß den Schmerz weg!
Beiß den Schmerz weg!

Beiß den Schmerz weg!
Beiß den Schmerz weg!
Beiß den Schmerz weg!
Beiß den Schmerz weg!
Beiß den Schmerz weg!
Beiß den Schmerz weg!
Beiß den Schmerz weg!
Beiß den Schmerz weg!
Beiß den Schmerz weg!
Beiß den Schmerz weg!
Beiß den Schmerz weg!
Beiß den Schmerz weg!
Beiß den Schmerz weg!
Beiß den Schmerz weg!
Beiß den Schmerz weg!
Beiß den Schmerz weg!
Beiß den Schmerz weg!
Beiß den Schmerz weg! Beiß den Schmerz weg!
Beiß den Schmerz weg!
Beiß den Schmerz weg!
Beiß den Schmerz weg!
Beiß den Schmerz weg!
Beiß den Schmerz weg!
Beiß den Schmerz weg!
Beiß den Schmerz weg!
Beiß den Schmerz weg!
Beiß den Schmerz weg!
Beiß den Schmerz weg!
Beiß den Schmerz weg!
Beiß den Schmerz weg!
Beiß den Schmerz weg!
Beiß den Schmerz weg!
Beiß den Schmerz weg!
Beiß den Schmerz weg!

Beiß den Schmerz weg!
Beiß den Schmerz weg!
Beiß den Schmerz weg!
Beiß den Schmerz weg!
Beiß den Schmerz weg!
Beiß den Schmerz weg!
Beiß den Schmerz weg!
Beiß den Schmerz weg!
Beiß den Schmerz weg!
Beiß den Schmerz weg!
Beiß den Schmerz weg!
Beiß den Schmerz weg!
Beiß den Schmerz weg!
Beiß den Schmerz weg!
Beiß den Schmerz weg!
Beiß den Schmerz weg!
Beiß den Schmerz weg!
Beiß den Schmerz weg!
Beiß den Schmerz weg!
Beiß den Schmerz weg!
Beiß den Schmerz weg!
Beiß den Schmerz weg!
Beiß den Schmerz weg!
Beiß den Schmerz weg!
Beiß den Schmerz weg!
Beiß den Schmerz weg!
Beiß den Schmerz weg!
Beiß den Schmerz weg!
Beiß den Schmerz weg!
Beiß den Schmerz weg!
Beiß den Schmerz weg!
Beiß den Schmerz weg!
Beiß den Schmerz weg!
Beiß den Schmerz weg!
Beiß den Schmerz weg!

Beiß den Schmerz weg!
Beiß den Schmerz weg!
Beiß den Schmerz weg!
Beiß den Schmerz weg!
Beiß den Schmerz weg!
Beiß den Schmerz weg!
Beiß den Schmerz weg!
Beiß den Schmerz weg!
Beiß den Schmerz weg!
Beiß den Schmerz weg!
Beiß den Schmerz weg!
Beiß den Schmerz weg!
Beiß den Schmerz weg!
Beiß den Schmerz weg!
Beiß den Schmerz weg!
Beiß den Schmerz weg!
Beiß den Schmerz weg!
Beiß den Schmerz weg!
Beiß den Schmerz weg!
Beiß den Schmerz weg!
Beiß den Schmerz weg!
Beiß den Schmerz weg!
Beiß den Schmerz weg!
Beiß den Schmerz weg!
Beiß den Schmerz weg!
Beiß den Schmerz weg!
Beiß den Schmerz weg!
Beiß den Schmerz weg!
Beiß den Schmerz weg!
Beiß den Schmerz weg!
Beiß den Schmerz weg!
Beiß den Schmerz weg!
Beiß den Schmerz weg!
Beiß den Schmerz weg!
Beiß den Schmerz weg!

Beiß den Schmerz weg!
Beiß den Schmerz weg!
Beiß den Schmerz weg!
Beiß den Schmerz weg!
Beiß den Schmerz weg!
Beiß den Schmerz weg!
Beiß den Schmerz weg!
Beiß den Schmerz weg!
Beiß den Schmerz weg!
Beiß den Schmerz weg!
Beiß den Schmerz weg!
Beiß den Schmerz weg!
Beiß den Schmerz weg!
Beiß den Schmerz weg!
Beiß den Schmerz weg!
Beiß den Schmerz weg!
Beiß den Schmerz weg!
Beiß den Schmerz weg!
Beiß den Schmerz weg!
Beiß den Schmerz weg!
Beiß den Schmerz weg!
Beiß den Schmerz weg!
Beiß den Schmerz weg!
Beiß den Schmerz weg!
Beiß den Schmerz weg!
Beiß den Schmerz weg!
Beiß den Schmerz weg!
Beiß den Schmerz weg!
Beiß den Schmerz weg!
Beiß den Schmerz weg!
Beiß den Schmerz weg!
Beiß den Schmerz weg!
Beiß den Schmerz weg!

Beiß den Schmerz weg!
Beiß den Schmerz weg!
Beiß den Schmerz weg!
Beiß den Schmerz weg!
Beiß den Schmerz weg!
Beiß den Schmerz weg!
Beiß den Schmerz weg!
Beiß den Schmerz weg!
Beiß den Schmerz weg!
Beiß den Schmerz weg!
Beiß den Schmerz weg!
Beiß den Schmerz weg!
Beiß den Schmerz weg!
Beiß den Schmerz weg!
Beiß den Schmerz weg!
Beiß den Schmerz weg!
Beiß den Schmerz weg!
Beiß den Schmerz weg!
Beiß den Schmerz weg!
Beiß den Schmerz weg!
Beiß den Schmerz weg!
Beiß den Schmerz weg!
Beiß den Schmerz weg!
Beiß den Schmerz weg!
Beiß den Schmerz weg!
Beiß den Schmerz weg!
Beiß den Schmerz weg!
Beiß den Schmerz weg!
Beiß den Schmerz weg!
Beiß den Schmerz weg!
Beiß den Schmerz weg!
Beiß den Schmerz weg!
Beiß den Schmerz weg!
Beiß den Schmerz weg!
Beiß den Schmerz weg!
Beiß den Schmerz weg!
Beiß den Schmerz weg!
Beiß den Schmerz weg!
Beiß den Schmerz weg!
Beiß den Schmerz weg!
Beiß den Schmerz weg!
Beiß den Schmerz weg!

Beiß den Schmerz weg!
Beiß den Schmerz weg!
Beiß den Schmerz weg!
Beiß den Schmerz weg!
Beiß den Schmerz weg!
Beiß den Schmerz weg!
Beiß den Schmerz weg!
Beiß den Schmerz weg!
Beiß den Schmerz weg!
Beiß den Schmerz weg!
Beiß den Schmerz weg!
Beiß den Schmerz weg!
Beiß den Schmerz weg!
Beiß den Schmerz weg!
Beiß den Schmerz weg!
Beiß den Schmerz weg!
Beiß den Schmerz weg!
Beiß den Schmerz weg!
Beiß den Schmerz weg!
Beiß den Schmerz weg!
Beiß den Schmerz weg!
Beiß den Schmerz weg!
Beiß den Schmerz weg!
Beiß den Schmerz weg!
Beiß den Schmerz weg!
Beiß den Schmerz weg!
Beiß den Schmerz weg!
Beiß den Schmerz weg!
Beiß den Schmerz weg!
Beiß den Schmerz weg!
Beiß den Schmerz weg!
Beiß den Schmerz weg!
Beiß den Schmerz weg!
Beiß den Schmerz weg!
Beiß den Schmerz weg!

Beiß den Schmerz weg!
Beiß den Schmerz weg!
Beiß den Schmerz weg!
Beiß den Schmerz weg!
Beiß den Schmerz weg!
Beiß den Schmerz weg!
Beiß den Schmerz weg!
Beiß den Schmerz weg!
Beiß den Schmerz weg!
Beiß den Schmerz weg!
Beiß den Schmerz weg!
Beiß den Schmerz weg!
Beiß den Schmerz weg!
Beiß den Schmerz weg!
Beiß den Schmerz weg!
Beiß den Schmerz weg!
Beiß den Schmerz weg!
Beiß den Schmerz weg!
Beiß den Schmerz weg!
Beiß den Schmerz weg!
Beiß den Schmerz weg!
Beiß den Schmerz weg!
Beiß den Schmerz weg!
Beiß den Schmerz weg!
Beiß den Schmerz weg!
Beiß den Schmerz weg!
Beiß den Schmerz weg!
Beiß den Schmerz weg!
Beiß den Schmerz weg!
Beiß den Schmerz weg!
Beiß den Schmerz weg!
Beiß den Schmerz weg!
Beiß den Schmerz weg!
Beiß den Schmerz weg!

Beiß den Schmerz weg!
Beiß den Schmerz weg!
Beiß den Schmerz weg!
Beiß den Schmerz weg!
Beiß den Schmerz weg!
Beiß den Schmerz weg!
Beiß den Schmerz weg!
Beiß den Schmerz weg!
Beiß den Schmerz weg!
Beiß den Schmerz weg!
Beiß den Schmerz weg!
Beiß den Schmerz weg!
Beiß den Schmerz weg!
Beiß den Schmerz weg!
Beiß den Schmerz weg!
Beiß den Schmerz weg!
Beiß den Schmerz weg!
Beiß den Schmerz weg!
Beiß den Schmerz weg!
Beiß den Schmerz weg!
Beiß den Schmerz weg!
Beiß den Schmerz weg!
Beiß den Schmerz weg!
Beiß den Schmerz weg!
Beiß den Schmerz weg!
Beiß den Schmerz weg!
Beiß den Schmerz weg!
Beiß den Schmerz weg!
Beiß den Schmerz weg!
Beiß den Schmerz weg!
Beiß den Schmerz weg!
Beiß den Schmerz weg!
Beiß den Schmerz weg!
Beiß den Schmerz weg!
Beiß den Schmerz weg!

Beiß den Schmerz weg!
Beiß den Schmerz weg!
Beiß den Schmerz weg!
Beiß den Schmerz weg!
Beiß den Schmerz weg!
Beiß den Schmerz weg!
Beiß den Schmerz weg!
Beiß den Schmerz weg!
Beiß den Schmerz weg!
Beiß den Schmerz weg!
Beiß den Schmerz weg!
Beiß den Schmerz weg!
Beiß den Schmerz weg!
Beiß den Schmerz weg!
Beiß den Schmerz weg!
Beiß den Schmerz weg!
Beiß den Schmerz weg!
Beiß den Schmerz weg!
Beiß den Schmerz weg!
Beiß den Schmerz weg!
Beiß den Schmerz weg!
Beiß den Schmerz weg!
Beiß den Schmerz weg!
Beiß den Schmerz weg!
Beiß den Schmerz weg!
Beiß den Schmerz weg!
Beiß den Schmerz weg!
Beiß den Schmerz weg!
Beiß den Schmerz weg!
Beiß den Schmerz weg!
Beiß den Schmerz weg!
Beiß den Schmerz weg!
Beiß den Schmerz weg!
Beiß den Schmerz weg!
Beiß den Schmerz weg!
Beiß den Schmerz weg!
Beiß den Schmerz weg!
Beiß den Schmerz weg!
Beiß den Schmerz weg!
Beiß den Schmerz weg!
Beiß den Schmerz weg!
Beiß den Schmerz weg!
Beiß den Schmerz weg!
Beiß den Schmerz weg!

Beiß den Schmerz weg!
Beiß den Schmerz weg!
Beiß den Schmerz weg!
Beiß den Schmerz weg!
Beiß den Schmerz weg!
Beiß den Schmerz weg!
Beiß den Schmerz weg!
Beiß den Schmerz weg!
Beiß den Schmerz weg!
Beiß den Schmerz weg!
Beiß den Schmerz weg!
Beiß den Schmerz weg!
Beiß den Schmerz weg!
Beiß den Schmerz weg!
Beiß den Schmerz weg!
Beiß den Schmerz weg!
Beiß den Schmerz weg!
Beiß den Schmerz weg!
Beiß den Schmerz weg!
Beiß den Schmerz weg!
Beiß den Schmerz weg!
Beiß den Schmerz weg!
Beiß den Schmerz weg!
Beiß den Schmerz weg!
Beiß den Schmerz weg!
Beiß den Schmerz weg!
Beiß den Schmerz weg!
Beiß den Schmerz weg!
Beiß den Schmerz weg!
Beiß den Schmerz weg!
Beiß den Schmerz weg!
Beiß den Schmerz weg!
Beiß den Schmerz weg!
Beiß den Schmerz weg!
Beiß den Schmerz weg!
Beiß den Schmerz weg!
Beiß den Schmerz weg!
Beiß den Schmerz weg!
Beiß den Schmerz weg!
Beiß den Schmerz weg!
Beiß den Schmerz weg!
Beiß den Schmerz weg!
Beiß den Schmerz weg!

Beiß den Schmerz weg!
Beiß den Schmerz weg!
Beiß den Schmerz weg!
Beiß den Schmerz weg!
Beiß den Schmerz weg!
Beiß den Schmerz weg!
Beiß den Schmerz weg!
Beiß den Schmerz weg!
Beiß den Schmerz weg!
Beiß den Schmerz weg!
Beiß den Schmerz weg!
Beiß den Schmerz weg!
Beiß den Schmerz weg!
Beiß den Schmerz weg!
Beiß den Schmerz weg!
Beiß den Schmerz weg!
Beiß den Schmerz weg!
Beiß den Schmerz weg!
Beiß den Schmerz weg!
Beiß den Schmerz weg!
Beiß den Schmerz weg!
Beiß den Schmerz weg!
Beiß den Schmerz weg!
Beiß den Schmerz weg!
Beiß den Schmerz weg!
Beiß den Schmerz weg!
Beiß den Schmerz weg!
Beiß den Schmerz weg!
Beiß den Schmerz weg!
Beiß den Schmerz weg!
Beiß den Schmerz weg!
Beiß den Schmerz weg!
Beiß den Schmerz weg!
Beiß den Schmerz weg!

Beiß den Schmerz weg!
Beiß den Schmerz weg!
Beiß den Schmerz weg!
Beiß den Schmerz weg!
Beiß den Schmerz weg!
Beiß den Schmerz weg!
Beiß den Schmerz weg!
Beiß den Schmerz weg!
Beiß den Schmerz weg!
Beiß den Schmerz weg!
Beiß den Schmerz weg!
Beiß den Schmerz weg!
Beiß den Schmerz weg!
Beiß den Schmerz weg!
Beiß den Schmerz weg!
Beiß den Schmerz weg!
Beiß den Schmerz weg!
Beiß den Schmerz weg!
Beiß den Schmerz weg!
Beiß den Schmerz weg!
Beiß den Schmerz weg!
Beiß den Schmerz weg!
Beiß den Schmerz weg!
Beiß den Schmerz weg!
Beiß den Schmerz weg!
Beiß den Schmerz weg!
Beiß den Schmerz weg!
Beiß den Schmerz weg!
Beiß den Schmerz weg!
Beiß den Schmerz weg!
Beiß den Schmerz weg!
Beiß den Schmerz weg!
Beiß den Schmerz weg!
Beiß den Schmerz weg!

Beiß den Schmerz weg!
Beiß den Schmerz weg!
Beiß den Schmerz weg!
Beiß den Schmerz weg!
Beiß den Schmerz weg!
Beiß den Schmerz weg!
Beiß den Schmerz weg!
Beiß den Schmerz weg!
Beiß den Schmerz weg!
Beiß den Schmerz weg!
Beiß den Schmerz weg!
Beiß den Schmerz weg!
Beiß den Schmerz weg!
Beiß den Schmerz weg!
Beiß den Schmerz weg!
Beiß den Schmerz weg!
Beiß den Schmerz weg!
Beiß den Schmerz weg!
Beiß den Schmerz weg!
Beiß den Schmerz weg!
Beiß den Schmerz weg!
Beiß den Schmerz weg!
Beiß den Schmerz weg!
Beiß den Schmerz weg!
Beiß den Schmerz weg!
Beiß den Schmerz weg!
Beiß den Schmerz weg!
Beiß den Schmerz weg!
Beiß den Schmerz weg!
Beiß den Schmerz weg!
Beiß den Schmerz weg!
Beiß den Schmerz weg!
Beiß den Schmerz weg!
Beiß den Schmerz weg!
Beiß den Schmerz weg!

Beiß den Schmerz weg!
Beiß den Schmerz weg!
Beiß den Schmerz weg!
Beiß den Schmerz weg!
Beiß den Schmerz weg!
Beiß den Schmerz weg!
Beiß den Schmerz weg!
Beiß den Schmerz weg!
Beiß den Schmerz weg!
Beiß den Schmerz weg!
Beiß den Schmerz weg!
Beiß den Schmerz weg!
Beiß den Schmerz weg!
Beiß den Schmerz weg!
Beiß den Schmerz weg!
Beiß den Schmerz weg!
Beiß den Schmerz weg!
Beiß den Schmerz weg!
Beiß den Schmerz weg!
Beiß den Schmerz weg!
Beiß den Schmerz weg!
Beiß den Schmerz weg!
Beiß den Schmerz weg!
Beiß den Schmerz weg!
Beiß den Schmerz weg!
Beiß den Schmerz weg!
Beiß den Schmerz weg!
Beiß den Schmerz weg!
Beiß den Schmerz weg!
Beiß den Schmerz weg!
Beiß den Schmerz weg!
Beiß den Schmerz weg!
Beiß den Schmerz weg!
Beiß den Schmerz weg!
Beiß den Schmerz weg!

Beiß den Schmerz weg!
Beiß den Schmerz weg!
Beiß den Schmerz weg!
Beiß den Schmerz weg!
Beiß den Schmerz weg!
Beiß den Schmerz weg!
Beiß den Schmerz weg!
Beiß den Schmerz weg!
Beiß den Schmerz weg!
Beiß den Schmerz weg!
Beiß den Schmerz weg!
Beiß den Schmerz weg!
Beiß den Schmerz weg!
Beiß den Schmerz weg!
Beiß den Schmerz weg!
Beiß den Schmerz weg!
Beiß den Schmerz weg!
Beiß den Schmerz weg!
Beiß den Schmerz weg!
Beiß den Schmerz weg!
Beiß den Schmerz weg!
Beiß den Schmerz weg!
Beiß den Schmerz weg!
Beiß den Schmerz weg!
Beiß den Schmerz weg!
Beiß den Schmerz weg!
Beiß den Schmerz weg!
Beiß den Schmerz weg!
Beiß den Schmerz weg!
Beiß den Schmerz weg!
Beiß den Schmerz weg!
Beiß den Schmerz weg!
Beiß den Schmerz weg!
Beiß den Schmerz weg!

Beiß den Schmerz weg!
Beiß den Schmerz weg!
Beiß den Schmerz weg!
Beiß den Schmerz weg!
Beiß den Schmerz weg!
Beiß den Schmerz weg!
Beiß den Schmerz weg!
Beiß den Schmerz weg!
Beiß den Schmerz weg!
Beiß den Schmerz weg!
Beiß den Schmerz weg!
Beiß den Schmerz weg!
Beiß den Schmerz weg!
Beiß den Schmerz weg!
Beiß den Schmerz weg!
Beiß den Schmerz weg!
Beiß den Schmerz weg!
Beiß den Schmerz weg!
Beiß den Schmerz weg!
Beiß den Schmerz weg!
Beiß den Schmerz weg!
Beiß den Schmerz weg!
Beiß den Schmerz weg!
Beiß den Schmerz weg!
Beiß den Schmerz weg!
Beiß den Schmerz weg!
Beiß den Schmerz weg!
Beiß den Schmerz weg!
Beiß den Schmerz weg!
Beiß den Schmerz weg!
Beiß den Schmerz weg!
Beiß den Schmerz weg!
Beiß den Schmerz weg!

Beiß den Schmerz weg!
Beiß den Schmerz weg!
Beiß den Schmerz weg!
Beiß den Schmerz weg!
Beiß den Schmerz weg!
Beiß den Schmerz weg!
Beiß den Schmerz weg!
Beiß den Schmerz weg!
Beiß den Schmerz weg!
Beiß den Schmerz weg!
Beiß den Schmerz weg!
Beiß den Schmerz weg!
Beiß den Schmerz weg!
Beiß den Schmerz weg!
Beiß den Schmerz weg!
Beiß den Schmerz weg!
Beiß den Schmerz weg!
Beiß den Schmerz weg!
Beiß den Schmerz weg!
Beiß den Schmerz weg!
Beiß den Schmerz weg!
Beiß den Schmerz weg!
Beiß den Schmerz weg!
Beiß den Schmerz weg!
Beiß den Schmerz weg!
Beiß den Schmerz weg!
Beiß den Schmerz weg!
Beiß den Schmerz weg!
Beiß den Schmerz weg!
Beiß den Schmerz weg!
Beiß den Schmerz weg!
Beiß den Schmerz weg!
Beiß den Schmerz weg!

Beiß den Schmerz weg!
Beiß den Schmerz weg!
Beiß den Schmerz weg!
Beiß den Schmerz weg!
Beiß den Schmerz weg!
Beiß den Schmerz weg!
Beiß den Schmerz weg!
Beiß den Schmerz weg!
Beiß den Schmerz weg!
Beiß den Schmerz weg!
Beiß den Schmerz weg!
Beiß den Schmerz weg!
Beiß den Schmerz weg!
Beiß den Schmerz weg!
Beiß den Schmerz weg!
Beiß den Schmerz weg!
Beiß den Schmerz weg!
Beiß den Schmerz weg!
Beiß den Schmerz weg!
Beiß den Schmerz weg!
Beiß den Schmerz weg!
Beiß den Schmerz weg!
Beiß den Schmerz weg!
Beiß den Schmerz weg!
Beiß den Schmerz weg!
Beiß den Schmerz weg!
Beiß den Schmerz weg! Beiß den Schmerz weg!
Beiß den Schmerz weg!
Beiß den Schmerz weg!
Beiß den Schmerz weg!
Beiß den Schmerz weg!
Beiß den Schmerz weg!
Beiß den Schmerz weg!
Beiß den Schmerz weg!
Beiß den Schmerz weg!
Beiß den Schmerz weg!
Beiß den Schmerz weg!

Beiß den Schmerz weg!
Beiß den Schmerz weg!
Beiß den Schmerz weg!
Beiß den Schmerz weg!
Beiß den Schmerz weg!
Beiß den Schmerz weg!
Beiß den Schmerz weg!
Beiß den Schmerz weg!
Beiß den Schmerz weg!
Beiß den Schmerz weg!
Beiß den Schmerz weg!
Beiß den Schmerz weg!
Beiß den Schmerz weg!
Beiß den Schmerz weg!
Beiß den Schmerz weg!
Beiß den Schmerz weg!
Beiß den Schmerz weg!
Beiß den Schmerz weg!
Beiß den Schmerz weg!
Beiß den Schmerz weg!
Beiß den Schmerz weg!
Beiß den Schmerz weg!
Beiß den Schmerz weg!
Beiß den Schmerz weg!
Beiß den Schmerz weg!
Beiß den Schmerz weg!
Beiß den Schmerz weg!
Beiß den Schmerz weg!
Beiß den Schmerz weg!
Beiß den Schmerz weg!
Beiß den Schmerz weg!
Beiß den Schmerz weg!
Beiß den Schmerz weg!
Beiß den Schmerz weg!
Beiß den Schmerz weg!

Beiß den Schmerz weg!
Beiß den Schmerz weg!
Beiß den Schmerz weg!
Beiß den Schmerz weg!
Beiß den Schmerz weg!
Beiß den Schmerz weg!
Beiß den Schmerz weg!
Beiß den Schmerz weg!
Beiß den Schmerz weg!
Beiß den Schmerz weg!
Beiß den Schmerz weg!
Beiß den Schmerz weg!
Beiß den Schmerz weg!
Beiß den Schmerz weg!
Beiß den Schmerz weg!
Beiß den Schmerz weg!
Beiß den Schmerz weg!
Beiß den Schmerz weg!
Beiß den Schmerz weg!
Beiß den Schmerz weg!
Beiß den Schmerz weg!
Beiß den Schmerz weg!
Beiß den Schmerz weg!
Beiß den Schmerz weg!
Beiß den Schmerz weg!
Beiß den Schmerz weg!
Beiß den Schmerz weg!
Beiß den Schmerz weg!
Beiß den Schmerz weg!
Beiß den Schmerz weg!
Beiß den Schmerz weg!
Beiß den Schmerz weg!
Beiß den Schmerz weg!
Beiß den Schmerz weg!
Beiß den Schmerz weg!
Beiß den Schmerz weg!

Beiß den Schmerz weg!
Beiß den Schmerz weg!
Beiß den Schmerz weg!
Beiß den Schmerz weg!
Beiß den Schmerz weg!
Beiß den Schmerz weg!
Beiß den Schmerz weg!
Beiß den Schmerz weg!
Beiß den Schmerz weg!
Beiß den Schmerz weg!
Beiß den Schmerz weg!
Beiß den Schmerz weg!
Beiß den Schmerz weg!
Beiß den Schmerz weg!
Beiß den Schmerz weg!
Beiß den Schmerz weg!
Beiß den Schmerz weg!
Beiß den Schmerz weg!
Beiß den Schmerz weg!
Beiß den Schmerz weg!
Beiß den Schmerz weg!
Beiß den Schmerz weg!
Beiß den Schmerz weg!
Beiß den Schmerz weg!
Beiß den Schmerz weg!
Beiß den Schmerz weg!
Beiß den Schmerz weg!
Beiß den Schmerz weg!
Beiß den Schmerz weg!
Beiß den Schmerz weg!
Beiß den Schmerz weg!
Beiß den Schmerz weg!
Beiß den Schmerz weg!

Beiß den Schmerz weg!
Beiß den Schmerz weg!
Beiß den Schmerz weg!
Beiß den Schmerz weg!
Beiß den Schmerz weg!
Beiß den Schmerz weg!
Beiß den Schmerz weg!
Beiß den Schmerz weg!
Beiß den Schmerz weg!
Beiß den Schmerz weg!
Beiß den Schmerz weg!
Beiß den Schmerz weg!
Beiß den Schmerz weg!
Beiß den Schmerz weg!
Beiß den Schmerz weg!
Beiß den Schmerz weg!
Beiß den Schmerz weg!
Beiß den Schmerz weg!
Beiß den Schmerz weg!
Beiß den Schmerz weg!
Beiß den Schmerz weg!
Beiß den Schmerz weg!
Beiß den Schmerz weg!
Beiß den Schmerz weg!
Beiß den Schmerz weg!
Beiß den Schmerz weg!
Beiß den Schmerz weg!
Beiß den Schmerz weg!
Beiß den Schmerz weg!
Beiß den Schmerz weg!
Beiß den Schmerz weg!
Beiß den Schmerz weg!
Beiß den Schmerz weg!

Beiß den Schmerz weg!
Beiß den Schmerz weg!
Beiß den Schmerz weg!
Beiß den Schmerz weg!
Beiß den Schmerz weg!
Beiß den Schmerz weg!
Beiß den Schmerz weg!
Beiß den Schmerz weg!
Beiß den Schmerz weg!
Beiß den Schmerz weg!
Beiß den Schmerz weg!
Beiß den Schmerz weg!
Beiß den Schmerz weg!
Beiß den Schmerz weg!
Beiß den Schmerz weg!
Beiß den Schmerz weg!
Beiß den Schmerz weg!
Beiß den Schmerz weg!
Beiß den Schmerz weg!
Beiß den Schmerz weg!
Beiß den Schmerz weg!
Beiß den Schmerz weg!
Beiß den Schmerz weg!
Beiß den Schmerz weg!
Beiß den Schmerz weg!
Beiß den Schmerz weg!
Beiß den Schmerz weg!
Beiß den Schmerz weg!
Beiß den Schmerz weg!
Beiß den Schmerz weg!
Beiß den Schmerz weg!
Beiß den Schmerz weg!
Beiß den Schmerz weg!
Beiß den Schmerz weg!
Beiß den Schmerz weg!

Beiß den Schmerz weg!
Beiß den Schmerz weg!
Beiß den Schmerz weg!
Beiß den Schmerz weg!
Beiß den Schmerz weg!
Beiß den Schmerz weg!
Beiß den Schmerz weg!
Beiß den Schmerz weg!
Beiß den Schmerz weg!
Beiß den Schmerz weg!
Beiß den Schmerz weg!
Beiß den Schmerz weg!
Beiß den Schmerz weg!
Beiß den Schmerz weg!
Beiß den Schmerz weg!
Beiß den Schmerz weg!
Beiß den Schmerz weg!
Beiß den Schmerz weg!
Beiß den Schmerz weg!
Beiß den Schmerz weg!
Beiß den Schmerz weg!
Beiß den Schmerz weg!
Beiß den Schmerz weg!
Beiß den Schmerz weg!
Beiß den Schmerz weg!
Beiß den Schmerz weg!
Beiß den Schmerz weg!
Beiß den Schmerz weg!
Beiß den Schmerz weg!
Beiß den Schmerz weg!
Beiß den Schmerz weg!
Beiß den Schmerz weg!
Beiß den Schmerz weg!
Beiß den Schmerz weg!

Beiß den Schmerz weg!
Beiß den Schmerz weg!
Beiß den Schmerz weg!
Beiß den Schmerz weg!
Beiß den Schmerz weg!
Beiß den Schmerz weg!
Beiß den Schmerz weg!
Beiß den Schmerz weg!
Beiß den Schmerz weg!
Beiß den Schmerz weg!
Beiß den Schmerz weg!
Beiß den Schmerz weg!
Beiß den Schmerz weg!
Beiß den Schmerz weg!
Beiß den Schmerz weg!
Beiß den Schmerz weg!
Beiß den Schmerz weg!
Beiß den Schmerz weg!
Beiß den Schmerz weg!
Beiß den Schmerz weg!
Beiß den Schmerz weg!
Beiß den Schmerz weg!
Beiß den Schmerz weg!
Beiß den Schmerz weg!
Beiß den Schmerz weg!
Beiß den Schmerz weg!
Beiß den Schmerz weg!
Beiß den Schmerz weg!
Beiß den Schmerz weg!
Beiß den Schmerz weg!
Beiß den Schmerz weg!
Beiß den Schmerz weg!
Beiß den Schmerz weg!
Beiß den Schmerz weg!
Beiß den Schmerz weg!
Beiß den Schmerz weg!

Beiß den Schmerz weg!
Beiß den Schmerz weg!
Beiß den Schmerz weg!
Beiß den Schmerz weg!
Beiß den Schmerz weg!
Beiß den Schmerz weg!
Beiß den Schmerz weg!
Beiß den Schmerz weg!
Beiß den Schmerz weg!
Beiß den Schmerz weg!
Beiß den Schmerz weg!
Beiß den Schmerz weg!
Beiß den Schmerz weg!
Beiß den Schmerz weg!
Beiß den Schmerz weg!
Beiß den Schmerz weg!
Beiß den Schmerz weg!
Beiß den Schmerz weg!
Beiß den Schmerz weg!
Beiß den Schmerz weg!
Beiß den Schmerz weg!
Beiß den Schmerz weg!
Beiß den Schmerz weg!
Beiß den Schmerz weg!
Beiß den Schmerz weg!
Beiß den Schmerz weg!
Beiß den Schmerz weg!
Beiß den Schmerz weg!
Beiß den Schmerz weg!
Beiß den Schmerz weg!
Beiß den Schmerz weg!
Beiß den Schmerz weg!
Beiß den Schmerz weg!
Beiß den Schmerz weg!

Beiß den Schmerz weg!
Beiß den Schmerz weg!
Beiß den Schmerz weg!
Beiß den Schmerz weg!
Beiß den Schmerz weg!
Beiß den Schmerz weg!
Beiß den Schmerz weg!
Beiß den Schmerz weg!
Beiß den Schmerz weg!
Beiß den Schmerz weg!
Beiß den Schmerz weg!
Beiß den Schmerz weg!
Beiß den Schmerz weg!
Beiß den Schmerz weg!
Beiß den Schmerz weg!
Beiß den Schmerz weg!
Beiß den Schmerz weg!
Beiß den Schmerz weg!
Beiß den Schmerz weg!
Beiß den Schmerz weg!
Beiß den Schmerz weg!
Beiß den Schmerz weg!
Beiß den Schmerz weg!
Beiß den Schmerz weg!
Beiß den Schmerz weg!
Beiß den Schmerz weg!
Beiß den Schmerz weg!
Beiß den Schmerz weg!
Beiß den Schmerz weg!
Beiß den Schmerz weg!
Beiß den Schmerz weg!
Beiß den Schmerz weg!
Beiß den Schmerz weg!

Beiß den Schmerz weg!
Beiß den Schmerz weg!
Beiß den Schmerz weg!
Beiß den Schmerz weg!
Beiß den Schmerz weg!
Beiß den Schmerz weg!
Beiß den Schmerz weg!
Beiß den Schmerz weg!
Beiß den Schmerz weg!
Beiß den Schmerz weg!
Beiß den Schmerz weg!
Beiß den Schmerz weg!
Beiß den Schmerz weg!
Beiß den Schmerz weg!
Beiß den Schmerz weg!
Beiß den Schmerz weg!
Beiß den Schmerz weg!
Beiß den Schmerz weg!
Beiß den Schmerz weg!
Beiß den Schmerz weg!
Beiß den Schmerz weg!
Beiß den Schmerz weg!
Beiß den Schmerz weg!
Beiß den Schmerz weg!
Beiß den Schmerz weg!
Beiß den Schmerz weg!
Beiß den Schmerz weg!
Beiß den Schmerz weg!
Beiß den Schmerz weg!
Beiß den Schmerz weg!
Beiß den Schmerz weg!
Beiß den Schmerz weg!
Beiß den Schmerz weg!
Beiß den Schmerz weg!
Beiß den Schmerz weg!
Beiß den Schmerz weg!
Beiß den Schmerz weg!
Beiß den Schmerz weg!
Beiß den Schmerz weg!
Beiß den Schmerz weg!

Beiß den Schmerz weg!
Beiß den Schmerz weg!
Beiß den Schmerz weg!
Beiß den Schmerz weg!
Beiß den Schmerz weg!
Beiß den Schmerz weg!
Beiß den Schmerz weg!
Beiß den Schmerz weg!
Beiß den Schmerz weg!
Beiß den Schmerz weg!
Beiß den Schmerz weg!
Beiß den Schmerz weg!
Beiß den Schmerz weg!
Beiß den Schmerz weg!
Beiß den Schmerz weg!
Beiß den Schmerz weg!
Beiß den Schmerz weg!
Beiß den Schmerz weg!
Beiß den Schmerz weg!
Beiß den Schmerz weg!
Beiß den Schmerz weg!
Beiß den Schmerz weg!
Beiß den Schmerz weg!
Beiß den Schmerz weg!
Beiß den Schmerz weg!
Beiß den Schmerz weg!
Beiß den Schmerz weg!
Beiß den Schmerz weg!
Beiß den Schmerz weg!
Beiß den Schmerz weg!
Beiß den Schmerz weg!
Beiß den Schmerz weg!
Beiß den Schmerz weg!
Beiß den Schmerz weg!

Beiß den Schmerz weg!
Beiß den Schmerz weg!
Beiß den Schmerz weg!
Beiß den Schmerz weg!
Beiß den Schmerz weg!
Beiß den Schmerz weg!
Beiß den Schmerz weg!
Beiß den Schmerz weg!
Beiß den Schmerz weg!
Beiß den Schmerz weg!
Beiß den Schmerz weg!
Beiß den Schmerz weg!
Beiß den Schmerz weg!
Beiß den Schmerz weg!
Beiß den Schmerz weg!
Beiß den Schmerz weg!
Beiß den Schmerz weg!
Beiß den Schmerz weg!
Beiß den Schmerz weg!
Beiß den Schmerz weg!
Beiß den Schmerz weg!
Beiß den Schmerz weg!
Beiß den Schmerz weg!
Beiß den Schmerz weg!
Beiß den Schmerz weg!
Beiß den Schmerz weg!
Beiß den Schmerz weg!
Beiß den Schmerz weg!
Beiß den Schmerz weg!
Beiß den Schmerz weg!
Beiß den Schmerz weg!
Beiß den Schmerz weg!
Beiß den Schmerz weg!
Beiß den Schmerz weg!

Beiß den Schmerz weg!
Beiß den Schmerz weg!
Beiß den Schmerz weg!
Beiß den Schmerz weg!
Beiß den Schmerz weg!
Beiß den Schmerz weg!
Beiß den Schmerz weg!
Beiß den Schmerz weg!
Beiß den Schmerz weg!
Beiß den Schmerz weg!
Beiß den Schmerz weg!
Beiß den Schmerz weg!
Beiß den Schmerz weg!
Beiß den Schmerz weg!
Beiß den Schmerz weg!
Beiß den Schmerz weg!
Beiß den Schmerz weg!
Beiß den Schmerz weg!
Beiß den Schmerz weg!
Beiß den Schmerz weg!
Beiß den Schmerz weg!
Beiß den Schmerz weg!
Beiß den Schmerz weg!
Beiß den Schmerz weg!
Beiß den Schmerz weg!
Beiß den Schmerz weg!
Beiß den Schmerz weg!
Beiß den Schmerz weg!
Beiß den Schmerz weg!
Beiß den Schmerz weg!
Beiß den Schmerz weg!
Beiß den Schmerz weg!
Beiß den Schmerz weg!
Beiß den Schmerz weg!
Beiß den Schmerz weg!
Beiß den Schmerz weg!
Beiß den Schmerz weg!
Beiß den Schmerz weg!
Beiß den Schmerz weg!
Beiß den Schmerz weg!
Beiß den Schmerz weg!
Beiß den Schmerz weg!

Beiß den Schmerz weg!
Beiß den Schmerz weg!
Beiß den Schmerz weg!
Beiß den Schmerz weg!
Beiß den Schmerz weg!
Beiß den Schmerz weg!
Beiß den Schmerz weg!
Beiß den Schmerz weg!
Beiß den Schmerz weg!
Beiß den Schmerz weg!
Beiß den Schmerz weg!
Beiß den Schmerz weg!
Beiß den Schmerz weg!
Beiß den Schmerz weg!
Beiß den Schmerz weg!
Beiß den Schmerz weg!
Beiß den Schmerz weg!
Beiß den Schmerz weg!
Beiß den Schmerz weg!
Beiß den Schmerz weg!
Beiß den Schmerz weg!
Beiß den Schmerz weg!
Beiß den Schmerz weg!
Beiß den Schmerz weg!
Beiß den Schmerz weg!
Beiß den Schmerz weg!
Beiß den Schmerz weg!
Beiß den Schmerz weg!
Beiß den Schmerz weg!
Beiß den Schmerz weg!
Beiß den Schmerz weg!
Beiß den Schmerz weg!
Beiß den Schmerz weg!
Beiß den Schmerz weg!

Beiß den Schmerz weg!
Beiß den Schmerz weg!
Beiß den Schmerz weg!
Beiß den Schmerz weg!
Beiß den Schmerz weg!
Beiß den Schmerz weg!
Beiß den Schmerz weg!
Beiß den Schmerz weg!
Beiß den Schmerz weg!
Beiß den Schmerz weg!
Beiß den Schmerz weg!
Beiß den Schmerz weg!
Beiß den Schmerz weg!
Beiß den Schmerz weg!
Beiß den Schmerz weg!
Beiß den Schmerz weg!
Beiß den Schmerz weg!
Beiß den Schmerz weg!
Beiß den Schmerz weg!
Beiß den Schmerz weg!
Beiß den Schmerz weg!
Beiß den Schmerz weg!
Beiß den Schmerz weg!
Beiß den Schmerz weg!
Beiß den Schmerz weg!
Beiß den Schmerz weg!
Beiß den Schmerz weg!
Beiß den Schmerz weg!
Beiß den Schmerz weg!
Beiß den Schmerz weg!
Beiß den Schmerz weg!
Beiß den Schmerz weg!
Beiß den Schmerz weg!
Beiß den Schmerz weg!

Beiß den Schmerz weg!
Beiß den Schmerz weg!
Beiß den Schmerz weg!
Beiß den Schmerz weg!
Beiß den Schmerz weg!
Beiß den Schmerz weg!
Beiß den Schmerz weg!
Beiß den Schmerz weg!
Beiß den Schmerz weg!
Beiß den Schmerz weg!
Beiß den Schmerz weg!
Beiß den Schmerz weg!
Beiß den Schmerz weg!
Beiß den Schmerz weg!
Beiß den Schmerz weg!
Beiß den Schmerz weg!
Beiß den Schmerz weg!
Beiß den Schmerz weg!
Beiß den Schmerz weg!
Beiß den Schmerz weg!
Beiß den Schmerz weg!
Beiß den Schmerz weg!
Beiß den Schmerz weg!
Beiß den Schmerz weg!
Beiß den Schmerz weg!
Beiß den Schmerz weg!
Beiß den Schmerz weg!
Beiß den Schmerz weg!
Beiß den Schmerz weg!
Beiß den Schmerz weg!
Beiß den Schmerz weg!
Beiß den Schmerz weg!
Beiß den Schmerz weg!
Beiß den Schmerz weg!

Beiß den Schmerz weg!
Beiß den Schmerz weg!
Beiß den Schmerz weg!
Beiß den Schmerz weg!
Beiß den Schmerz weg!
Beiß den Schmerz weg!
Beiß den Schmerz weg!
Beiß den Schmerz weg!
Beiß den Schmerz weg!
Beiß den Schmerz weg!
Beiß den Schmerz weg!
Beiß den Schmerz weg!
Beiß den Schmerz weg!
Beiß den Schmerz weg!
Beiß den Schmerz weg!
Beiß den Schmerz weg!
Beiß den Schmerz weg!
Beiß den Schmerz weg!
Beiß den Schmerz weg!
Beiß den Schmerz weg!
Beiß den Schmerz weg!
Beiß den Schmerz weg!
Beiß den Schmerz weg!
Beiß den Schmerz weg!
Beiß den Schmerz weg!
Beiß den Schmerz weg!
Beiß den Schmerz weg!
Beiß den Schmerz weg!
Beiß den Schmerz weg!
Beiß den Schmerz weg!
Beiß den Schmerz weg!
Beiß den Schmerz weg!
Beiß den Schmerz weg! Beiß den Schmerz weg!
Beiß den Schmerz weg!

Beiß den Schmerz weg!
Beiß den Schmerz weg!
Beiß den Schmerz weg!
Beiß den Schmerz weg!
Beiß den Schmerz weg!
Beiß den Schmerz weg!
Beiß den Schmerz weg!
Beiß den Schmerz weg!
Beiß den Schmerz weg!
Beiß den Schmerz weg!
Beiß den Schmerz weg!
Beiß den Schmerz weg!
Beiß den Schmerz weg!
Beiß den Schmerz weg!
Beiß den Schmerz weg!
Beiß den Schmerz weg!
Beiß den Schmerz weg!
Beiß den Schmerz weg!
Beiß den Schmerz weg!
Beiß den Schmerz weg!
Beiß den Schmerz weg!
Beiß den Schmerz weg!
Beiß den Schmerz weg!
Beiß den Schmerz weg!
Beiß den Schmerz weg!
Beiß den Schmerz weg!
Beiß den Schmerz weg!
Beiß den Schmerz weg!
Beiß den Schmerz weg!
Beiß den Schmerz weg!
Beiß den Schmerz weg!
Beiß den Schmerz weg!
Beiß den Schmerz weg!
Beiß den Schmerz weg!
Beiß den Schmerz weg!

Beiß den Schmerz weg!
Beiß den Schmerz weg!
Beiß den Schmerz weg!
Beiß den Schmerz weg!
Beiß den Schmerz weg!
Beiß den Schmerz weg!
Beiß den Schmerz weg!
Beiß den Schmerz weg!
Beiß den Schmerz weg!
Beiß den Schmerz weg!
Beiß den Schmerz weg!
Beiß den Schmerz weg!
Beiß den Schmerz weg!
Beiß den Schmerz weg!
Beiß den Schmerz weg!
Beiß den Schmerz weg!
Beiß den Schmerz weg!
Beiß den Schmerz weg!
Beiß den Schmerz weg!
Beiß den Schmerz weg!
Beiß den Schmerz weg!
Beiß den Schmerz weg!
Beiß den Schmerz weg!
Beiß den Schmerz weg!
Beiß den Schmerz weg!
Beiß den Schmerz weg!
Beiß den Schmerz weg!
Beiß den Schmerz weg!
Beiß den Schmerz weg!
Beiß den Schmerz weg!
Beiß den Schmerz weg!
Beiß den Schmerz weg!
Beiß den Schmerz weg!
Beiß den Schmerz weg!

Beiß den Schmerz weg!
Beiß den Schmerz weg!
Beiß den Schmerz weg!
Beiß den Schmerz weg!
Beiß den Schmerz weg!
Beiß den Schmerz weg!
Beiß den Schmerz weg!
Beiß den Schmerz weg!
Beiß den Schmerz weg!
Beiß den Schmerz weg!
Beiß den Schmerz weg!
Beiß den Schmerz weg!
Beiß den Schmerz weg!
Beiß den Schmerz weg!
Beiß den Schmerz weg!
Beiß den Schmerz weg!
Beiß den Schmerz weg!
Beiß den Schmerz weg!
Beiß den Schmerz weg!
Beiß den Schmerz weg!
Beiß den Schmerz weg!
Beiß den Schmerz weg!
Beiß den Schmerz weg!
Beiß den Schmerz weg!
Beiß den Schmerz weg!
Beiß den Schmerz weg!
Beiß den Schmerz weg!
Beiß den Schmerz weg!
Beiß den Schmerz weg!
Beiß den Schmerz weg!
Beiß den Schmerz weg!
Beiß den Schmerz weg!
Beiß den Schmerz weg!
Beiß den Schmerz weg!
Beiß den Schmerz weg!

Beiß den Schmerz weg!
Beiß den Schmerz weg!
Beiß den Schmerz weg!
Beiß den Schmerz weg!
Beiß den Schmerz weg!
Beiß den Schmerz weg!
Beiß den Schmerz weg!
Beiß den Schmerz weg!
Beiß den Schmerz weg!
Beiß den Schmerz weg!
Beiß den Schmerz weg!
Beiß den Schmerz weg!
Beiß den Schmerz weg!
Beiß den Schmerz weg!
Beiß den Schmerz weg!
Beiß den Schmerz weg!
Beiß den Schmerz weg!
Beiß den Schmerz weg!
Beiß den Schmerz weg!
Beiß den Schmerz weg!
Beiß den Schmerz weg!
Beiß den Schmerz weg!
Beiß den Schmerz weg!
Beiß den Schmerz weg!
Beiß den Schmerz weg!
Beiß den Schmerz weg!
Beiß den Schmerz weg!
Beiß den Schmerz weg!
Beiß den Schmerz weg!
Beiß den Schmerz weg!
Beiß den Schmerz weg!
Beiß den Schmerz weg!
Beiß den Schmerz weg!
Beiß den Schmerz weg!
Beiß den Schmerz weg!
Beiß den Schmerz weg!
Beiß den Schmerz weg!
Beiß den Schmerz weg!
Beiß den Schmerz weg!
Beiß den Schmerz weg!
Beiß den Schmerz weg!
Beiß den Schmerz weg!
Beiß den Schmerz weg!
Beiß den Schmerz weg!

Beiß den Schmerz weg!
Beiß den Schmerz weg!
Beiß den Schmerz weg!
Beiß den Schmerz weg!
Beiß den Schmerz weg!
Beiß den Schmerz weg!
Beiß den Schmerz weg!
Beiß den Schmerz weg!
Beiß den Schmerz weg!
Beiß den Schmerz weg!
Beiß den Schmerz weg!
Beiß den Schmerz weg!
Beiß den Schmerz weg!
Beiß den Schmerz weg!
Beiß den Schmerz weg!
Beiß den Schmerz weg!
Beiß den Schmerz weg!
Beiß den Schmerz weg!
Beiß den Schmerz weg!
Beiß den Schmerz weg!
Beiß den Schmerz weg!
Beiß den Schmerz weg!
Beiß den Schmerz weg!
Beiß den Schmerz weg!
Beiß den Schmerz weg!
Beiß den Schmerz weg!
Beiß den Schmerz weg!
Beiß den Schmerz weg!
Beiß den Schmerz weg!
Beiß den Schmerz weg!
Beiß den Schmerz weg!
Beiß den Schmerz weg!
Beiß den Schmerz weg!
Beiß den Schmerz weg!
Beiß den Schmerz weg!
Beiß den Schmerz weg!
Beiß den Schmerz weg!
Beiß den Schmerz weg!
Beiß den Schmerz weg!
Beiß den Schmerz weg!
Beiß den Schmerz weg!
Beiß den Schmerz weg!

Beiß den Schmerz weg!
Beiß den Schmerz weg!
Beiß den Schmerz weg!
Beiß den Schmerz weg!
Beiß den Schmerz weg!
Beiß den Schmerz weg!
Beiß den Schmerz weg!
Beiß den Schmerz weg!
Beiß den Schmerz weg!
Beiß den Schmerz weg!
Beiß den Schmerz weg!
Beiß den Schmerz weg!
Beiß den Schmerz weg!
Beiß den Schmerz weg!
Beiß den Schmerz weg!
Beiß den Schmerz weg!
Beiß den Schmerz weg!
Beiß den Schmerz weg!
Beiß den Schmerz weg!
Beiß den Schmerz weg!
Beiß den Schmerz weg!
Beiß den Schmerz weg!
Beiß den Schmerz weg!
Beiß den Schmerz weg!
Beiß den Schmerz weg!
Beiß den Schmerz weg!
Beiß den Schmerz weg!
Beiß den Schmerz weg!
Beiß den Schmerz weg!
Beiß den Schmerz weg!
Beiß den Schmerz weg!
Beiß den Schmerz weg!
Beiß den Schmerz weg!
Beiß den Schmerz weg!

Beiß den Schmerz weg!
Beiß den Schmerz weg!
Beiß den Schmerz weg!
Beiß den Schmerz weg!
Beiß den Schmerz weg!
Beiß den Schmerz weg!
Beiß den Schmerz weg!
Beiß den Schmerz weg!
Beiß den Schmerz weg!
Beiß den Schmerz weg!
Beiß den Schmerz weg!
Beiß den Schmerz weg!
Beiß den Schmerz weg!
Beiß den Schmerz weg!
Beiß den Schmerz weg!
Beiß den Schmerz weg!
Beiß den Schmerz weg!
Beiß den Schmerz weg!
Beiß den Schmerz weg!
Beiß den Schmerz weg!
Beiß den Schmerz weg!
Beiß den Schmerz weg!
Beiß den Schmerz weg!
Beiß den Schmerz weg!
Beiß den Schmerz weg!
Beiß den Schmerz weg!
Beiß den Schmerz weg!
Beiß den Schmerz weg!
Beiß den Schmerz weg!
Beiß den Schmerz weg!
Beiß den Schmerz weg!
Beiß den Schmerz weg!

Beiß den Schmerz weg!
Beiß den Schmerz weg!
Beiß den Schmerz weg!
Beiß den Schmerz weg!
Beiß den Schmerz weg!
Beiß den Schmerz weg!
Beiß den Schmerz weg!
Beiß den Schmerz weg!
Beiß den Schmerz weg!
Beiß den Schmerz weg!
Beiß den Schmerz weg!
Beiß den Schmerz weg!
Beiß den Schmerz weg!
Beiß den Schmerz weg!
Beiß den Schmerz weg!
Beiß den Schmerz weg!
Beiß den Schmerz weg!
Beiß den Schmerz weg!
Beiß den Schmerz weg!
Beiß den Schmerz weg!
Beiß den Schmerz weg!
Beiß den Schmerz weg!
Beiß den Schmerz weg!
Beiß den Schmerz weg!
Beiß den Schmerz weg!
Beiß den Schmerz weg!
Beiß den Schmerz weg!
Beiß den Schmerz weg!
Beiß den Schmerz weg!
Beiß den Schmerz weg!
Beiß den Schmerz weg!
Beiß den Schmerz weg!
Beiß den Schmerz weg!
Beiß den Schmerz weg!

Beiß den Schmerz weg!
Beiß den Schmerz weg!
Beiß den Schmerz weg!
Beiß den Schmerz weg!
Beiß den Schmerz weg!
Beiß den Schmerz weg!
Beiß den Schmerz weg!
Beiß den Schmerz weg!
Beiß den Schmerz weg!
Beiß den Schmerz weg!
Beiß den Schmerz weg!
Beiß den Schmerz weg!
Beiß den Schmerz weg!
Beiß den Schmerz weg!
Beiß den Schmerz weg!
Beiß den Schmerz weg!
Beiß den Schmerz weg!
Beiß den Schmerz weg!
Beiß den Schmerz weg!
Beiß den Schmerz weg!
Beiß den Schmerz weg!
Beiß den Schmerz weg!
Beiß den Schmerz weg!
Beiß den Schmerz weg!
Beiß den Schmerz weg!
Beiß den Schmerz weg!
Beiß den Schmerz weg!
Beiß den Schmerz weg!
Beiß den Schmerz weg!
Beiß den Schmerz weg!
Beiß den Schmerz weg!
Beiß den Schmerz weg!
Beiß den Schmerz weg!
Beiß den Schmerz weg!
Beiß den Schmerz weg!

Beiß den Schmerz weg!
Beiß den Schmerz weg!
Beiß den Schmerz weg!
Beiß den Schmerz weg!
Beiß den Schmerz weg!
Beiß den Schmerz weg!
Beiß den Schmerz weg!
Beiß den Schmerz weg!
Beiß den Schmerz weg!
Beiß den Schmerz weg!
Beiß den Schmerz weg!
Beiß den Schmerz weg!
Beiß den Schmerz weg!
Beiß den Schmerz weg!
Beiß den Schmerz weg!
Beiß den Schmerz weg!
Beiß den Schmerz weg!
Beiß den Schmerz weg!
Beiß den Schmerz weg!
Beiß den Schmerz weg!
Beiß den Schmerz weg!
Beiß den Schmerz weg!
Beiß den Schmerz weg!
Beiß den Schmerz weg!
Beiß den Schmerz weg!
Beiß den Schmerz weg!
Beiß den Schmerz weg!
Beiß den Schmerz weg!
Beiß den Schmerz weg!
Beiß den Schmerz weg!
Beiß den Schmerz weg!
Beiß den Schmerz weg!
Beiß den Schmerz weg!
Beiß den Schmerz weg!
Beiß den Schmerz weg!
Beiß den Schmerz weg!

Beiß den Schmerz weg!
Beiß den Schmerz weg!
Beiß den Schmerz weg!
Beiß den Schmerz weg!
Beiß den Schmerz weg!
Beiß den Schmerz weg!
Beiß den Schmerz weg!
Beiß den Schmerz weg!
Beiß den Schmerz weg!
Beiß den Schmerz weg!
Beiß den Schmerz weg!
Beiß den Schmerz weg!
Beiß den Schmerz weg!
Beiß den Schmerz weg!
Beiß den Schmerz weg!
Beiß den Schmerz weg!
Beiß den Schmerz weg!
Beiß den Schmerz weg!
Beiß den Schmerz weg!
Beiß den Schmerz weg!
Beiß den Schmerz weg!
Beiß den Schmerz weg!
Beiß den Schmerz weg!
Beiß den Schmerz weg!
Beiß den Schmerz weg!
Beiß den Schmerz weg!
Beiß den Schmerz weg!
Beiß den Schmerz weg!
Beiß den Schmerz weg!
Beiß den Schmerz weg!
Beiß den Schmerz weg!
Beiß den Schmerz weg!
Beiß den Schmerz weg!
Beiß den Schmerz weg!

Beiß den Schmerz weg!
Beiß den Schmerz weg!
Beiß den Schmerz weg!
Beiß den Schmerz weg!
Beiß den Schmerz weg!
Beiß den Schmerz weg!
Beiß den Schmerz weg!
Beiß den Schmerz weg!
Beiß den Schmerz weg!
Beiß den Schmerz weg!
Beiß den Schmerz weg!
Beiß den Schmerz weg!
Beiß den Schmerz weg!
Beiß den Schmerz weg!
Beiß den Schmerz weg!
Beiß den Schmerz weg!
Beiß den Schmerz weg!
Beiß den Schmerz weg!
Beiß den Schmerz weg!
Beiß den Schmerz weg!
Beiß den Schmerz weg!
Beiß den Schmerz weg!
Beiß den Schmerz weg!
Beiß den Schmerz weg!
Beiß den Schmerz weg!
Beiß den Schmerz weg!
Beiß den Schmerz weg!
Beiß den Schmerz weg!
Beiß den Schmerz weg!
Beiß den Schmerz weg!
Beiß den Schmerz weg!
Beiß den Schmerz weg!
Beiß den Schmerz weg!
Beiß den Schmerz weg!
Beiß den Schmerz weg!

Beiß den Schmerz weg!
Beiß den Schmerz weg!
Beiß den Schmerz weg!
Beiß den Schmerz weg!
Beiß den Schmerz weg!
Beiß den Schmerz weg!
Beiß den Schmerz weg!
Beiß den Schmerz weg!
Beiß den Schmerz weg!
Beiß den Schmerz weg!
Beiß den Schmerz weg!
Beiß den Schmerz weg!
Beiß den Schmerz weg!
Beiß den Schmerz weg!
Beiß den Schmerz weg!
Beiß den Schmerz weg!
Beiß den Schmerz weg!
Beiß den Schmerz weg!
Beiß den Schmerz weg!
Beiß den Schmerz weg!
Beiß den Schmerz weg!
Beiß den Schmerz weg!
Beiß den Schmerz weg!
Beiß den Schmerz weg!
Beiß den Schmerz weg!
Beiß den Schmerz weg!
Beiß den Schmerz weg!
Beiß den Schmerz weg!
Beiß den Schmerz weg!
Beiß den Schmerz weg!
Beiß den Schmerz weg!
Beiß den Schmerz weg!
Beiß den Schmerz weg!
Beiß den Schmerz weg!
Beiß den Schmerz weg!
Beiß den Schmerz weg!
Beiß den Schmerz weg!

Beiß den Schmerz weg!
Beiß den Schmerz weg!
Beiß den Schmerz weg!
Beiß den Schmerz weg!
Beiß den Schmerz weg!
Beiß den Schmerz weg!
Beiß den Schmerz weg!
Beiß den Schmerz weg!
Beiß den Schmerz weg!
Beiß den Schmerz weg!
Beiß den Schmerz weg!
Beiß den Schmerz weg!
Beiß den Schmerz weg!
Beiß den Schmerz weg!
Beiß den Schmerz weg!
Beiß den Schmerz weg!
Beiß den Schmerz weg!
Beiß den Schmerz weg!
Beiß den Schmerz weg!
Beiß den Schmerz weg!
Beiß den Schmerz weg!
Beiß den Schmerz weg!
Beiß den Schmerz weg!
Beiß den Schmerz weg!
Beiß den Schmerz weg!
Beiß den Schmerz weg!
Beiß den Schmerz weg!
Beiß den Schmerz weg!
Beiß den Schmerz weg!
Beiß den Schmerz weg!
Beiß den Schmerz weg!
Beiß den Schmerz weg!
Beiß den Schmerz weg!
Beiß den Schmerz weg!

Beiß den Schmerz weg!
Beiß den Schmerz weg!
Beiß den Schmerz weg!
Beiß den Schmerz weg!
Beiß den Schmerz weg!
Beiß den Schmerz weg!
Beiß den Schmerz weg!
Beiß den Schmerz weg!
Beiß den Schmerz weg!
Beiß den Schmerz weg!
Beiß den Schmerz weg!
Beiß den Schmerz weg!
Beiß den Schmerz weg!
Beiß den Schmerz weg!
Beiß den Schmerz weg!
Beiß den Schmerz weg!
Beiß den Schmerz weg!
Beiß den Schmerz weg!
Beiß den Schmerz weg!
Beiß den Schmerz weg!
Beiß den Schmerz weg!
Beiß den Schmerz weg!
Beiß den Schmerz weg!
Beiß den Schmerz weg!
Beiß den Schmerz weg!
Beiß den Schmerz weg!
Beiß den Schmerz weg!
Beiß den Schmerz weg!
Beiß den Schmerz weg!
Beiß den Schmerz weg!
Beiß den Schmerz weg!
Beiß den Schmerz weg!
Beiß den Schmerz weg!
Beiß den Schmerz weg!
Beiß den Schmerz weg!
Beiß den Schmerz weg!
Beiß den Schmerz weg!
Beiß den Schmerz weg!
Beiß den Schmerz weg!
Beiß den Schmerz weg!

Beiß den Schmerz weg!
Beiß den Schmerz weg!
Beiß den Schmerz weg!
Beiß den Schmerz weg!
Beiß den Schmerz weg!
Beiß den Schmerz weg!
Beiß den Schmerz weg!
Beiß den Schmerz weg!
Beiß den Schmerz weg!
Beiß den Schmerz weg!
Beiß den Schmerz weg!
Beiß den Schmerz weg!
Beiß den Schmerz weg!
Beiß den Schmerz weg!
Beiß den Schmerz weg!
Beiß den Schmerz weg!
Beiß den Schmerz weg!
Beiß den Schmerz weg!
Beiß den Schmerz weg!
Beiß den Schmerz weg!
Beiß den Schmerz weg!
Beiß den Schmerz weg!
Beiß den Schmerz weg!
Beiß den Schmerz weg!
Beiß den Schmerz weg!
Beiß den Schmerz weg!
Beiß den Schmerz weg!
Beiß den Schmerz weg!
Beiß den Schmerz weg!
Beiß den Schmerz weg!
Beiß den Schmerz weg!
Beiß den Schmerz weg!
Beiß den Schmerz weg!
Beiß den Schmerz weg!
Beiß den Schmerz weg!

Beiß den Schmerz weg!
Beiß den Schmerz weg!
Beiß den Schmerz weg!
Beiß den Schmerz weg!
Beiß den Schmerz weg!
Beiß den Schmerz weg!
Beiß den Schmerz weg!
Beiß den Schmerz weg!
Beiß den Schmerz weg!
Beiß den Schmerz weg!
Beiß den Schmerz weg!
Beiß den Schmerz weg!
Beiß den Schmerz weg!
Beiß den Schmerz weg!
Beiß den Schmerz weg!
Beiß den Schmerz weg!
Beiß den Schmerz weg!
Beiß den Schmerz weg!
Beiß den Schmerz weg!
Beiß den Schmerz weg!
Beiß den Schmerz weg!
Beiß den Schmerz weg!
Beiß den Schmerz weg!
Beiß den Schmerz weg!
Beiß den Schmerz weg!
Beiß den Schmerz weg!
Beiß den Schmerz weg!
Beiß den Schmerz weg!
Beiß den Schmerz weg!
Beiß den Schmerz weg!
Beiß den Schmerz weg!
Beiß den Schmerz weg!
Beiß den Schmerz weg!
Beiß den Schmerz weg!
Beiß den Schmerz weg!
Beiß den Schmerz weg!
Beiß den Schmerz weg!
Beiß den Schmerz weg!
Beiß den Schmerz weg!
Beiß den Schmerz weg!
Beiß den Schmerz weg!
Beiß den Schmerz weg!

Beiß den Schmerz weg!
Beiß den Schmerz weg!
Beiß den Schmerz weg!
Beiß den Schmerz weg!
Beiß den Schmerz weg!
Beiß den Schmerz weg!
Beiß den Schmerz weg!
Beiß den Schmerz weg! Beiß den Schmerz weg!
Beiß den Schmerz weg!
Beiß den Schmerz weg!
Beiß den Schmerz weg!
Beiß den Schmerz weg!
Beiß den Schmerz weg!
Beiß den Schmerz weg!
Beiß den Schmerz weg!
Beiß den Schmerz weg!
Beiß den Schmerz weg!
Beiß den Schmerz weg!
Beiß den Schmerz weg!
Beiß den Schmerz weg!
Beiß den Schmerz weg!
Beiß den Schmerz weg!
Beiß den Schmerz weg!
Beiß den Schmerz weg!
Beiß den Schmerz weg!
Beiß den Schmerz weg!
Beiß den Schmerz weg!
Beiß den Schmerz weg!
Beiß den Schmerz weg!
Beiß den Schmerz weg!
Beiß den Schmerz weg!
Beiß den Schmerz weg!
Beiß den Schmerz weg!
Beiß den Schmerz weg!
Beiß den Schmerz weg!

Beiß den Schmerz weg!
Beiß den Schmerz weg!
Beiß den Schmerz weg!
Beiß den Schmerz weg!
Beiß den Schmerz weg!
Beiß den Schmerz weg!
Beiß den Schmerz weg!
Beiß den Schmerz weg!
Beiß den Schmerz weg!
Beiß den Schmerz weg!
Beiß den Schmerz weg!
Beiß den Schmerz weg!
Beiß den Schmerz weg!
Beiß den Schmerz weg!
Beiß den Schmerz weg!
Beiß den Schmerz weg!
Beiß den Schmerz weg!
Beiß den Schmerz weg!
Beiß den Schmerz weg!
Beiß den Schmerz weg!
Beiß den Schmerz weg!
Beiß den Schmerz weg!
Beiß den Schmerz weg!
Beiß den Schmerz weg!
Beiß den Schmerz weg!
Beiß den Schmerz weg!
Beiß den Schmerz weg!
Beiß den Schmerz weg!
Beiß den Schmerz weg!
Beiß den Schmerz weg!
Beiß den Schmerz weg!
Beiß den Schmerz weg!
Beiß den Schmerz weg!
Beiß den Schmerz weg!
Beiß den Schmerz weg!

Beiß den Schmerz weg!
Beiß den Schmerz weg!
Beiß den Schmerz weg!
Beiß den Schmerz weg!
Beiß den Schmerz weg!
Beiß den Schmerz weg!
Beiß den Schmerz weg!
Beiß den Schmerz weg!
Beiß den Schmerz weg!
Beiß den Schmerz weg!
Beiß den Schmerz weg!
Beiß den Schmerz weg!
Beiß den Schmerz weg!
Beiß den Schmerz weg!
Beiß den Schmerz weg!
Beiß den Schmerz weg!
Beiß den Schmerz weg!
Beiß den Schmerz weg!
Beiß den Schmerz weg!
Beiß den Schmerz weg!
Beiß den Schmerz weg!
Beiß den Schmerz weg!
Beiß den Schmerz weg!
Beiß den Schmerz weg!
Beiß den Schmerz weg!
Beiß den Schmerz weg!
Beiß den Schmerz weg!
Beiß den Schmerz weg!
Beiß den Schmerz weg!
Beiß den Schmerz weg!
Beiß den Schmerz weg!
Beiß den Schmerz weg!
Beiß den Schmerz weg!
Beiß den Schmerz weg!
Beiß den Schmerz weg!

Beiß den Schmerz weg!
Beiß den Schmerz weg!
Beiß den Schmerz weg!
Beiß den Schmerz weg!
Beiß den Schmerz weg!
Beiß den Schmerz weg!
Beiß den Schmerz weg!
Beiß den Schmerz weg!
Beiß den Schmerz weg!
Beiß den Schmerz weg!
Beiß den Schmerz weg!
Beiß den Schmerz weg!
Beiß den Schmerz weg!
Beiß den Schmerz weg!
Beiß den Schmerz weg!
Beiß den Schmerz weg!
Beiß den Schmerz weg!
Beiß den Schmerz weg!
Beiß den Schmerz weg!
Beiß den Schmerz weg!
Beiß den Schmerz weg!
Beiß den Schmerz weg!
Beiß den Schmerz weg!
Beiß den Schmerz weg!
Beiß den Schmerz weg!
Beiß den Schmerz weg!
Beiß den Schmerz weg!
Beiß den Schmerz weg!
Beiß den Schmerz weg!
Beiß den Schmerz weg!
Beiß den Schmerz weg!
Beiß den Schmerz weg!
Beiß den Schmerz weg!
Beiß den Schmerz weg!
Beiß den Schmerz weg!
Beiß den Schmerz weg!

Beiß den Schmerz weg!
Beiß den Schmerz weg!
Beiß den Schmerz weg!
Beiß den Schmerz weg!
Beiß den Schmerz weg!
Beiß den Schmerz weg!
Beiß den Schmerz weg!
Beiß den Schmerz weg!
Beiß den Schmerz weg!
Beiß den Schmerz weg!
Beiß den Schmerz weg!
Beiß den Schmerz weg!
Beiß den Schmerz weg!
Beiß den Schmerz weg!
Beiß den Schmerz weg!
Beiß den Schmerz weg!
Beiß den Schmerz weg!
Beiß den Schmerz weg!
Beiß den Schmerz weg!
Beiß den Schmerz weg!
Beiß den Schmerz weg!
Beiß den Schmerz weg!
Beiß den Schmerz weg!
Beiß den Schmerz weg!
Beiß den Schmerz weg!
Beiß den Schmerz weg!
Beiß den Schmerz weg!
Beiß den Schmerz weg!
Beiß den Schmerz weg!
Beiß den Schmerz weg!
Beiß den Schmerz weg!
Beiß den Schmerz weg!
Beiß den Schmerz weg!
Beiß den Schmerz weg!
Beiß den Schmerz weg!
Beiß den Schmerz weg!
Beiß den Schmerz weg!
Beiß den Schmerz weg!

Beiß den Schmerz weg!
Beiß den Schmerz weg!
Beiß den Schmerz weg!
Beiß den Schmerz weg!
Beiß den Schmerz weg!
Beiß den Schmerz weg!
Beiß den Schmerz weg!
Beiß den Schmerz weg!
Beiß den Schmerz weg!
Beiß den Schmerz weg!
Beiß den Schmerz weg!
Beiß den Schmerz weg!
Beiß den Schmerz weg!
Beiß den Schmerz weg!
Beiß den Schmerz weg!
Beiß den Schmerz weg!
Beiß den Schmerz weg!
Beiß den Schmerz weg!
Beiß den Schmerz weg!
Beiß den Schmerz weg!
Beiß den Schmerz weg!
Beiß den Schmerz weg!
Beiß den Schmerz weg!
Beiß den Schmerz weg!
Beiß den Schmerz weg!
Beiß den Schmerz weg!
Beiß den Schmerz weg!
Beiß den Schmerz weg!
Beiß den Schmerz weg!
Beiß den Schmerz weg!
Beiß den Schmerz weg!
Beiß den Schmerz weg!
Beiß den Schmerz weg!
Beiß den Schmerz weg!
Beiß den Schmerz weg!
Beiß den Schmerz weg!
Beiß den Schmerz weg!

Beiß den Schmerz weg!
Beiß den Schmerz weg!
Beiß den Schmerz weg!
Beiß den Schmerz weg!
Beiß den Schmerz weg!
Beiß den Schmerz weg!
Beiß den Schmerz weg!
Beiß den Schmerz weg!
Beiß den Schmerz weg!
Beiß den Schmerz weg!
Beiß den Schmerz weg!
Beiß den Schmerz weg!
Beiß den Schmerz weg!
Beiß den Schmerz weg!
Beiß den Schmerz weg!
Beiß den Schmerz weg!
Beiß den Schmerz weg!
Beiß den Schmerz weg!
Beiß den Schmerz weg!
Beiß den Schmerz weg!
Beiß den Schmerz weg!
Beiß den Schmerz weg!
Beiß den Schmerz weg!
Beiß den Schmerz weg!
Beiß den Schmerz weg!
Beiß den Schmerz weg!
Beiß den Schmerz weg!
Beiß den Schmerz weg!
Beiß den Schmerz weg!
Beiß den Schmerz weg!

Beiß den Schmerz weg!
Beiß den Schmerz weg!
Beiß den Schmerz weg!
Beiß den Schmerz weg!
Beiß den Schmerz weg!
Beiß den Schmerz weg!
Beiß den Schmerz weg!
Beiß den Schmerz weg!
Beiß den Schmerz weg!
Beiß den Schmerz weg!
Beiß den Schmerz weg!
Beiß den Schmerz weg!
Beiß den Schmerz weg!
Beiß den Schmerz weg!
Beiß den Schmerz weg!
Beiß den Schmerz weg!
Beiß den Schmerz weg!
Beiß den Schmerz weg!
Beiß den Schmerz weg!
Beiß den Schmerz weg!
Beiß den Schmerz weg!
Beiß den Schmerz weg!
Beiß den Schmerz weg!
Beiß den Schmerz weg!
Beiß den Schmerz weg!
Beiß den Schmerz weg!
Beiß den Schmerz weg!
Beiß den Schmerz weg!
Beiß den Schmerz weg!
Beiß den Schmerz weg!
Beiß den Schmerz weg!
Beiß den Schmerz weg!
Beiß den Schmerz weg!
Beiß den Schmerz weg!

Beiß den Schmerz weg!
Beiß den Schmerz weg!
Beiß den Schmerz weg!
Beiß den Schmerz weg!
Beiß den Schmerz weg!
Beiß den Schmerz weg!
Beiß den Schmerz weg!
Beiß den Schmerz weg!
Beiß den Schmerz weg!
Beiß den Schmerz weg!
Beiß den Schmerz weg!
Beiß den Schmerz weg!
Beiß den Schmerz weg!
Beiß den Schmerz weg!
Beiß den Schmerz weg!
Beiß den Schmerz weg!
Beiß den Schmerz weg!
Beiß den Schmerz weg!
Beiß den Schmerz weg!
Beiß den Schmerz weg!
Beiß den Schmerz weg!
Beiß den Schmerz weg!
Beiß den Schmerz weg!
Beiß den Schmerz weg!
Beiß den Schmerz weg!
Beiß den Schmerz weg!
Beiß den Schmerz weg!
Beiß den Schmerz weg!
Beiß den Schmerz weg!
Beiß den Schmerz weg!
Beiß den Schmerz weg!
Beiß den Schmerz weg!
Beiß den Schmerz weg!
Beiß den Schmerz weg!

Beiß den Schmerz weg!
Beiß den Schmerz weg!
Beiß den Schmerz weg!
Beiß den Schmerz weg!
Beiß den Schmerz weg!
Beiß den Schmerz weg!
Beiß den Schmerz weg!
Beiß den Schmerz weg!
Beiß den Schmerz weg!
Beiß den Schmerz weg!
Beiß den Schmerz weg!
Beiß den Schmerz weg!
Beiß den Schmerz weg!
Beiß den Schmerz weg!
Beiß den Schmerz weg!
Beiß den Schmerz weg!
Beiß den Schmerz weg!
Beiß den Schmerz weg!
Beiß den Schmerz weg!
Beiß den Schmerz weg!
Beiß den Schmerz weg!
Beiß den Schmerz weg!
Beiß den Schmerz weg!
Beiß den Schmerz weg!
Beiß den Schmerz weg!
Beiß den Schmerz weg!
Beiß den Schmerz weg!
Beiß den Schmerz weg!
Beiß den Schmerz weg!
Beiß den Schmerz weg!
Beiß den Schmerz weg!
Beiß den Schmerz weg!
Beiß den Schmerz weg!
Beiß den Schmerz weg!
Beiß den Schmerz weg!
Beiß den Schmerz weg!

Beiß den Schmerz weg!
Beiß den Schmerz weg!
Beiß den Schmerz weg!
Beiß den Schmerz weg!
Beiß den Schmerz weg!
Beiß den Schmerz weg!
Beiß den Schmerz weg!
Beiß den Schmerz weg!
Beiß den Schmerz weg!
Beiß den Schmerz weg!
Beiß den Schmerz weg!
Beiß den Schmerz weg!
Beiß den Schmerz weg!
Beiß den Schmerz weg!
Beiß den Schmerz weg!
Beiß den Schmerz weg!
Beiß den Schmerz weg!
Beiß den Schmerz weg!
Beiß den Schmerz weg!
Beiß den Schmerz weg!
Beiß den Schmerz weg!
Beiß den Schmerz weg!
Beiß den Schmerz weg!
Beiß den Schmerz weg!
Beiß den Schmerz weg!
Beiß den Schmerz weg!
Beiß den Schmerz weg!
Beiß den Schmerz weg!
Beiß den Schmerz weg!
Beiß den Schmerz weg!
Beiß den Schmerz weg!
Beiß den Schmerz weg!
Beiß den Schmerz weg!
Beiß den Schmerz weg!

Beiß den Schmerz weg!
Beiß den Schmerz weg!
Beiß den Schmerz weg!
Beiß den Schmerz weg!
Beiß den Schmerz weg!
Beiß den Schmerz weg!
Beiß den Schmerz weg!
Beiß den Schmerz weg!
Beiß den Schmerz weg!
Beiß den Schmerz weg!
Beiß den Schmerz weg!
Beiß den Schmerz weg!
Beiß den Schmerz weg!
Beiß den Schmerz weg!
Beiß den Schmerz weg!
Beiß den Schmerz weg!
Beiß den Schmerz weg!
Beiß den Schmerz weg!
Beiß den Schmerz weg!
Beiß den Schmerz weg!
Beiß den Schmerz weg!
Beiß den Schmerz weg!
Beiß den Schmerz weg!
Beiß den Schmerz weg!
Beiß den Schmerz weg!
Beiß den Schmerz weg!
Beiß den Schmerz weg!
Beiß den Schmerz weg!
Beiß den Schmerz weg!
Beiß den Schmerz weg!
Beiß den Schmerz weg!
Beiß den Schmerz weg!
Beiß den Schmerz weg!

Beiß den Schmerz weg!
Beiß den Schmerz weg!
Beiß den Schmerz weg!
Beiß den Schmerz weg!
Beiß den Schmerz weg!
Beiß den Schmerz weg!
Beiß den Schmerz weg!
Beiß den Schmerz weg!
Beiß den Schmerz weg!
Beiß den Schmerz weg!
Beiß den Schmerz weg!
Beiß den Schmerz weg!
Beiß den Schmerz weg!
Beiß den Schmerz weg!
Beiß den Schmerz weg!
Beiß den Schmerz weg!
Beiß den Schmerz weg!
Beiß den Schmerz weg!
Beiß den Schmerz weg!
Beiß den Schmerz weg!
Beiß den Schmerz weg!
Beiß den Schmerz weg!
Beiß den Schmerz weg!
Beiß den Schmerz weg!
Beiß den Schmerz weg!
Beiß den Schmerz weg!
Beiß den Schmerz weg!
Beiß den Schmerz weg!
Beiß den Schmerz weg!
Beiß den Schmerz weg!
Beiß den Schmerz weg!
Beiß den Schmerz weg!
Beiß den Schmerz weg!
Beiß den Schmerz weg!

Beiß den Schmerz weg!
Beiß den Schmerz weg!
Beiß den Schmerz weg!
Beiß den Schmerz weg!
Beiß den Schmerz weg!
Beiß den Schmerz weg!
Beiß den Schmerz weg!
Beiß den Schmerz weg!
Beiß den Schmerz weg!
Beiß den Schmerz weg!
Beiß den Schmerz weg!
Beiß den Schmerz weg!
Beiß den Schmerz weg!
Beiß den Schmerz weg!
Beiß den Schmerz weg!
Beiß den Schmerz weg!
Beiß den Schmerz weg!
Beiß den Schmerz weg!
Beiß den Schmerz weg!
Beiß den Schmerz weg!
Beiß den Schmerz weg!
Beiß den Schmerz weg!
Beiß den Schmerz weg!
Beiß den Schmerz weg!
Beiß den Schmerz weg!
Beiß den Schmerz weg!
Beiß den Schmerz weg!
Beiß den Schmerz weg!
Beiß den Schmerz weg!
Beiß den Schmerz weg!
Beiß den Schmerz weg!
Beiß den Schmerz weg!

Beiß den Schmerz weg!
Beiß den Schmerz weg!
Beiß den Schmerz weg!
Beiß den Schmerz weg!
Beiß den Schmerz weg!
Beiß den Schmerz weg!
Beiß den Schmerz weg!
Beiß den Schmerz weg!
Beiß den Schmerz weg!
Beiß den Schmerz weg!
Beiß den Schmerz weg!
Beiß den Schmerz weg!
Beiß den Schmerz weg!
Beiß den Schmerz weg!
Beiß den Schmerz weg!
Beiß den Schmerz weg!
Beiß den Schmerz weg!
Beiß den Schmerz weg!
Beiß den Schmerz weg!
Beiß den Schmerz weg!
Beiß den Schmerz weg!
Beiß den Schmerz weg!
Beiß den Schmerz weg!
Beiß den Schmerz weg!
Beiß den Schmerz weg!
Beiß den Schmerz weg!
Beiß den Schmerz weg!
Beiß den Schmerz weg!
Beiß den Schmerz weg!
Beiß den Schmerz weg!
Beiß den Schmerz weg!
Beiß den Schmerz weg!
Beiß den Schmerz weg!
Beiß den Schmerz weg!
Beiß den Schmerz weg!

Beiß den Schmerz weg!
Beiß den Schmerz weg!
Beiß den Schmerz weg!
Beiß den Schmerz weg!
Beiß den Schmerz weg!
Beiß den Schmerz weg!
Beiß den Schmerz weg!
Beiß den Schmerz weg!
Beiß den Schmerz weg!
Beiß den Schmerz weg!
Beiß den Schmerz weg!
Beiß den Schmerz weg!
Beiß den Schmerz weg!
Beiß den Schmerz weg!
Beiß den Schmerz weg!
Beiß den Schmerz weg!
Beiß den Schmerz weg!
Beiß den Schmerz weg!
Beiß den Schmerz weg!
Beiß den Schmerz weg!
Beiß den Schmerz weg!
Beiß den Schmerz weg!
Beiß den Schmerz weg!
Beiß den Schmerz weg!
Beiß den Schmerz weg!
Beiß den Schmerz weg!
Beiß den Schmerz weg!
Beiß den Schmerz weg!
Beiß den Schmerz weg!
Beiß den Schmerz weg!
Beiß den Schmerz weg!
Beiß den Schmerz weg!
Beiß den Schmerz weg!
Beiß den Schmerz weg!
Beiß den Schmerz weg!

Beiß den Schmerz weg!
Beiß den Schmerz weg!
Beiß den Schmerz weg!
Beiß den Schmerz weg!
Beiß den Schmerz weg!
Beiß den Schmerz weg!
Beiß den Schmerz weg!
Beiß den Schmerz weg!
Beiß den Schmerz weg!
Beiß den Schmerz weg!
Beiß den Schmerz weg!
Beiß den Schmerz weg!
Beiß den Schmerz weg!
Beiß den Schmerz weg!
Beiß den Schmerz weg!
Beiß den Schmerz weg!
Beiß den Schmerz weg!
Beiß den Schmerz weg!
Beiß den Schmerz weg!
Beiß den Schmerz weg!
Beiß den Schmerz weg!
Beiß den Schmerz weg!
Beiß den Schmerz weg!
Beiß den Schmerz weg!
Beiß den Schmerz weg!
Beiß den Schmerz weg!
Beiß den Schmerz weg!
Beiß den Schmerz weg!
Beiß den Schmerz weg!
Beiß den Schmerz weg!
Beiß den Schmerz weg!
Beiß den Schmerz weg!
Beiß den Schmerz weg!
Beiß den Schmerz weg!
Beiß den Schmerz weg!
Beiß den Schmerz weg!
Beiß den Schmerz weg!
Beiß den Schmerz weg!
Beiß den Schmerz weg!
Beiß den Schmerz weg!

Beiß den Schmerz weg!
Beiß den Schmerz weg!
Beiß den Schmerz weg!
Beiß den Schmerz weg!
Beiß den Schmerz weg!
Beiß den Schmerz weg!
Beiß den Schmerz weg!
Beiß den Schmerz weg!
Beiß den Schmerz weg!
Beiß den Schmerz weg!
Beiß den Schmerz weg!
Beiß den Schmerz weg!
Beiß den Schmerz weg!
Beiß den Schmerz weg!
Beiß den Schmerz weg!
Beiß den Schmerz weg!
Beiß den Schmerz weg! Beiß den Schmerz weg!
Beiß den Schmerz weg!
Beiß den Schmerz weg!
Beiß den Schmerz weg!
Beiß den Schmerz weg!
Beiß den Schmerz weg!
Beiß den Schmerz weg!
Beiß den Schmerz weg!
Beiß den Schmerz weg!
Beiß den Schmerz weg!
Beiß den Schmerz weg!
Beiß den Schmerz weg!
Beiß den Schmerz weg!
Beiß den Schmerz weg!
Beiß den Schmerz weg!
Beiß den Schmerz weg!
Beiß den Schmerz weg!
Beiß den Schmerz weg!
Beiß den Schmerz weg!

Beiß den Schmerz weg!
Beiß den Schmerz weg!
Beiß den Schmerz weg!
Beiß den Schmerz weg!
Beiß den Schmerz weg!
Beiß den Schmerz weg!
Beiß den Schmerz weg!
Beiß den Schmerz weg!
Beiß den Schmerz weg!
Beiß den Schmerz weg!
Beiß den Schmerz weg!
Beiß den Schmerz weg!
Beiß den Schmerz weg!
Beiß den Schmerz weg!
Beiß den Schmerz weg!
Beiß den Schmerz weg!
Beiß den Schmerz weg!
Beiß den Schmerz weg!
Beiß den Schmerz weg!
Beiß den Schmerz weg!
Beiß den Schmerz weg!
Beiß den Schmerz weg!
Beiß den Schmerz weg!
Beiß den Schmerz weg!
Beiß den Schmerz weg!
Beiß den Schmerz weg!
Beiß den Schmerz weg!
Beiß den Schmerz weg!
Beiß den Schmerz weg!
Beiß den Schmerz weg!
Beiß den Schmerz weg!
Beiß den Schmerz weg!
Beiß den Schmerz weg!
Beiß den Schmerz weg!

Beiß den Schmerz weg!
Beiß den Schmerz weg!
Beiß den Schmerz weg!
Beiß den Schmerz weg!
Beiß den Schmerz weg!
Beiß den Schmerz weg!
Beiß den Schmerz weg!
Beiß den Schmerz weg!
Beiß den Schmerz weg!
Beiß den Schmerz weg!
Beiß den Schmerz weg!
Beiß den Schmerz weg!
Beiß den Schmerz weg!
Beiß den Schmerz weg!
Beiß den Schmerz weg!
Beiß den Schmerz weg!
Beiß den Schmerz weg!
Beiß den Schmerz weg!
Beiß den Schmerz weg!
Beiß den Schmerz weg!
Beiß den Schmerz weg!
Beiß den Schmerz weg!
Beiß den Schmerz weg!
Beiß den Schmerz weg!
Beiß den Schmerz weg!
Beiß den Schmerz weg!
Beiß den Schmerz weg!
Beiß den Schmerz weg!
Beiß den Schmerz weg!
Beiß den Schmerz weg!
Beiß den Schmerz weg!
Beiß den Schmerz weg!
Beiß den Schmerz weg!
Beiß den Schmerz weg!

Beiß den Schmerz weg!
Beiß den Schmerz weg!
Beiß den Schmerz weg!
Beiß den Schmerz weg!
Beiß den Schmerz weg!
Beiß den Schmerz weg!
Beiß den Schmerz weg!
Beiß den Schmerz weg!
Beiß den Schmerz weg!
Beiß den Schmerz weg!
Beiß den Schmerz weg!
Beiß den Schmerz weg!
Beiß den Schmerz weg!
Beiß den Schmerz weg!
Beiß den Schmerz weg!
Beiß den Schmerz weg!
Beiß den Schmerz weg!
Beiß den Schmerz weg!
Beiß den Schmerz weg!
Beiß den Schmerz weg!
Beiß den Schmerz weg!
Beiß den Schmerz weg!
Beiß den Schmerz weg!
Beiß den Schmerz weg!
Beiß den Schmerz weg!
Beiß den Schmerz weg!
Beiß den Schmerz weg!
Beiß den Schmerz weg!
Beiß den Schmerz weg!
Beiß den Schmerz weg!
Beiß den Schmerz weg!
Beiß den Schmerz weg!
Beiß den Schmerz weg!
Beiß den Schmerz weg!
Beiß den Schmerz weg!
Beiß den Schmerz weg!
Beiß den Schmerz weg!
Beiß den Schmerz weg!
Beiß den Schmerz weg!
Beiß den Schmerz weg!

Beiß den Schmerz weg!
Beiß den Schmerz weg!
Beiß den Schmerz weg!
Beiß den Schmerz weg!
Beiß den Schmerz weg!
Beiß den Schmerz weg!
Beiß den Schmerz weg!
Beiß den Schmerz weg!
Beiß den Schmerz weg!
Beiß den Schmerz weg!
Beiß den Schmerz weg!
Beiß den Schmerz weg!
Beiß den Schmerz weg!
Beiß den Schmerz weg!
Beiß den Schmerz weg!
Beiß den Schmerz weg!
Beiß den Schmerz weg!
Beiß den Schmerz weg!
Beiß den Schmerz weg!
Beiß den Schmerz weg!
Beiß den Schmerz weg!
Beiß den Schmerz weg!
Beiß den Schmerz weg!
Beiß den Schmerz weg!
Beiß den Schmerz weg!
Beiß den Schmerz weg!
Beiß den Schmerz weg!
Beiß den Schmerz weg!
Beiß den Schmerz weg!
Beiß den Schmerz weg!
Beiß den Schmerz weg!
Beiß den Schmerz weg!
Beiß den Schmerz weg!
Beiß den Schmerz weg!
Beiß den Schmerz weg!
Beiß den Schmerz weg!

Beiß den Schmerz weg!
Beiß den Schmerz weg!
Beiß den Schmerz weg!
Beiß den Schmerz weg!
Beiß den Schmerz weg!
Beiß den Schmerz weg!
Beiß den Schmerz weg!
Beiß den Schmerz weg!
Beiß den Schmerz weg!
Beiß den Schmerz weg!
Beiß den Schmerz weg!
Beiß den Schmerz weg!
Beiß den Schmerz weg!
Beiß den Schmerz weg!
Beiß den Schmerz weg!
Beiß den Schmerz weg!
Beiß den Schmerz weg!
Beiß den Schmerz weg!
Beiß den Schmerz weg!
Beiß den Schmerz weg!
Beiß den Schmerz weg!
Beiß den Schmerz weg!
Beiß den Schmerz weg!
Beiß den Schmerz weg!
Beiß den Schmerz weg!
Beiß den Schmerz weg!
Beiß den Schmerz weg!
Beiß den Schmerz weg!
Beiß den Schmerz weg!
Beiß den Schmerz weg!
Beiß den Schmerz weg!
Beiß den Schmerz weg!
Beiß den Schmerz weg!
Beiß den Schmerz weg!
Beiß den Schmerz weg!
Beiß den Schmerz weg!

Beiß den Schmerz weg!
Beiß den Schmerz weg!
Beiß den Schmerz weg!
Beiß den Schmerz weg!
Beiß den Schmerz weg!
Beiß den Schmerz weg!
Beiß den Schmerz weg!
Beiß den Schmerz weg!
Beiß den Schmerz weg!
Beiß den Schmerz weg!
Beiß den Schmerz weg!
Beiß den Schmerz weg!
Beiß den Schmerz weg!
Beiß den Schmerz weg!
Beiß den Schmerz weg!
Beiß den Schmerz weg!
Beiß den Schmerz weg!
Beiß den Schmerz weg!
Beiß den Schmerz weg!
Beiß den Schmerz weg!
Beiß den Schmerz weg!
Beiß den Schmerz weg!
Beiß den Schmerz weg!
Beiß den Schmerz weg!
Beiß den Schmerz weg!
Beiß den Schmerz weg!
Beiß den Schmerz weg!
Beiß den Schmerz weg!
Beiß den Schmerz weg!
Beiß den Schmerz weg!
Beiß den Schmerz weg!
Beiß den Schmerz weg!
Beiß den Schmerz weg!
Beiß den Schmerz weg!

Beiß den Schmerz weg!
Beiß den Schmerz weg!
Beiß den Schmerz weg!
Beiß den Schmerz weg!
Beiß den Schmerz weg!
Beiß den Schmerz weg!
Beiß den Schmerz weg!
Beiß den Schmerz weg!
Beiß den Schmerz weg!
Beiß den Schmerz weg!
Beiß den Schmerz weg!
Beiß den Schmerz weg!
Beiß den Schmerz weg!
Beiß den Schmerz weg!
Beiß den Schmerz weg!
Beiß den Schmerz weg!
Beiß den Schmerz weg!
Beiß den Schmerz weg!
Beiß den Schmerz weg!
Beiß den Schmerz weg!
Beiß den Schmerz weg!
Beiß den Schmerz weg!
Beiß den Schmerz weg!
Beiß den Schmerz weg!
Beiß den Schmerz weg!
Beiß den Schmerz weg!
Beiß den Schmerz weg!
Beiß den Schmerz weg!
Beiß den Schmerz weg!
Beiß den Schmerz weg!
Beiß den Schmerz weg!
Beiß den Schmerz weg!
Beiß den Schmerz weg!
Beiß den Schmerz weg!
Beiß den Schmerz weg!
Beiß den Schmerz weg!

Beiß den Schmerz weg!
Beiß den Schmerz weg!
Beiß den Schmerz weg!
Beiß den Schmerz weg!
Beiß den Schmerz weg!
Beiß den Schmerz weg!
Beiß den Schmerz weg!
Beiß den Schmerz weg!
Beiß den Schmerz weg!
Beiß den Schmerz weg!
Beiß den Schmerz weg!
Beiß den Schmerz weg!
Beiß den Schmerz weg!
Beiß den Schmerz weg!
Beiß den Schmerz weg!
Beiß den Schmerz weg!
Beiß den Schmerz weg!
Beiß den Schmerz weg!
Beiß den Schmerz weg!
Beiß den Schmerz weg!
Beiß den Schmerz weg!
Beiß den Schmerz weg!
Beiß den Schmerz weg!
Beiß den Schmerz weg!
Beiß den Schmerz weg!
Beiß den Schmerz weg!
Beiß den Schmerz weg!
Beiß den Schmerz weg!
Beiß den Schmerz weg!
Beiß den Schmerz weg!
Beiß den Schmerz weg!
Beiß den Schmerz weg!
Beiß den Schmerz weg!
Beiß den Schmerz weg!

Beiß den Schmerz weg!
Beiß den Schmerz weg!
Beiß den Schmerz weg!
Beiß den Schmerz weg!
Beiß den Schmerz weg!
Beiß den Schmerz weg!
Beiß den Schmerz weg!
Beiß den Schmerz weg!
Beiß den Schmerz weg!
Beiß den Schmerz weg!
Beiß den Schmerz weg!
Beiß den Schmerz weg!
Beiß den Schmerz weg!
Beiß den Schmerz weg!
Beiß den Schmerz weg!
Beiß den Schmerz weg!
Beiß den Schmerz weg!
Beiß den Schmerz weg!
Beiß den Schmerz weg!
Beiß den Schmerz weg!
Beiß den Schmerz weg!
Beiß den Schmerz weg!
Beiß den Schmerz weg!
Beiß den Schmerz weg!
Beiß den Schmerz weg!
Beiß den Schmerz weg!
Beiß den Schmerz weg!
Beiß den Schmerz weg!
Beiß den Schmerz weg!
Beiß den Schmerz weg!
Beiß den Schmerz weg!
Beiß den Schmerz weg!
Beiß den Schmerz weg!
Beiß den Schmerz weg!
Beiß den Schmerz weg!

Beiß den Schmerz weg!
Beiß den Schmerz weg!
Beiß den Schmerz weg!
Beiß den Schmerz weg!
Beiß den Schmerz weg!
Beiß den Schmerz weg!
Beiß den Schmerz weg!
Beiß den Schmerz weg!
Beiß den Schmerz weg!
Beiß den Schmerz weg!
Beiß den Schmerz weg!
Beiß den Schmerz weg!
Beiß den Schmerz weg!
Beiß den Schmerz weg!
Beiß den Schmerz weg!
Beiß den Schmerz weg!
Beiß den Schmerz weg!
Beiß den Schmerz weg!
Beiß den Schmerz weg!
Beiß den Schmerz weg!
Beiß den Schmerz weg!
Beiß den Schmerz weg!
Beiß den Schmerz weg!
Beiß den Schmerz weg!
Beiß den Schmerz weg!
Beiß den Schmerz weg!
Beiß den Schmerz weg!
Beiß den Schmerz weg!
Beiß den Schmerz weg!
Beiß den Schmerz weg!
Beiß den Schmerz weg!
Beiß den Schmerz weg!
Beiß den Schmerz weg!
Beiß den Schmerz weg!
Beiß den Schmerz weg!
Beiß den Schmerz weg!
Beiß den Schmerz weg!
Beiß den Schmerz weg!

Beiß den Schmerz weg!
Beiß den Schmerz weg!
Beiß den Schmerz weg!
Beiß den Schmerz weg!
Beiß den Schmerz weg!
Beiß den Schmerz weg!
Beiß den Schmerz weg!
Beiß den Schmerz weg!
Beiß den Schmerz weg!
Beiß den Schmerz weg!
Beiß den Schmerz weg!
Beiß den Schmerz weg!
Beiß den Schmerz weg!
Beiß den Schmerz weg!
Beiß den Schmerz weg!
Beiß den Schmerz weg!
Beiß den Schmerz weg!
Beiß den Schmerz weg!
Beiß den Schmerz weg!
Beiß den Schmerz weg!
Beiß den Schmerz weg!
Beiß den Schmerz weg!
Beiß den Schmerz weg!
Beiß den Schmerz weg!
Beiß den Schmerz weg!
Beiß den Schmerz weg!
Beiß den Schmerz weg!
Beiß den Schmerz weg!
Beiß den Schmerz weg!
Beiß den Schmerz weg!
Beiß den Schmerz weg!
Beiß den Schmerz weg!
Beiß den Schmerz weg!
Beiß den Schmerz weg!
Beiß den Schmerz weg!
Beiß den Schmerz weg!
Beiß den Schmerz weg!
Beiß den Schmerz weg!
Beiß den Schmerz weg!
Beiß den Schmerz weg!
Beiß den Schmerz weg!
Beiß den Schmerz weg!
Beiß den Schmerz weg!

Beiß den Schmerz weg!
Beiß den Schmerz weg!
Beiß den Schmerz weg!
Beiß den Schmerz weg!
Beiß den Schmerz weg!
Beiß den Schmerz weg!
Beiß den Schmerz weg!
Beiß den Schmerz weg!
Beiß den Schmerz weg!
Beiß den Schmerz weg!
Beiß den Schmerz weg!
Beiß den Schmerz weg!
Beiß den Schmerz weg!
Beiß den Schmerz weg!
Beiß den Schmerz weg!
Beiß den Schmerz weg!
Beiß den Schmerz weg!
Beiß den Schmerz weg!
Beiß den Schmerz weg!
Beiß den Schmerz weg!
Beiß den Schmerz weg!
Beiß den Schmerz weg!
Beiß den Schmerz weg!
Beiß den Schmerz weg!
Beiß den Schmerz weg!
Beiß den Schmerz weg!
Beiß den Schmerz weg!
Beiß den Schmerz weg!
Beiß den Schmerz weg!
Beiß den Schmerz weg!
Beiß den Schmerz weg!
Beiß den Schmerz weg!
Beiß den Schmerz weg!
Beiß den Schmerz weg!

Beiß den Schmerz weg!
Beiß den Schmerz weg!
Beiß den Schmerz weg!
Beiß den Schmerz weg!
Beiß den Schmerz weg!
Beiß den Schmerz weg!
Beiß den Schmerz weg!
Beiß den Schmerz weg!
Beiß den Schmerz weg!
Beiß den Schmerz weg!
Beiß den Schmerz weg!
Beiß den Schmerz weg!
Beiß den Schmerz weg!
Beiß den Schmerz weg!
Beiß den Schmerz weg!
Beiß den Schmerz weg!
Beiß den Schmerz weg!
Beiß den Schmerz weg!
Beiß den Schmerz weg!
Beiß den Schmerz weg!
Beiß den Schmerz weg!
Beiß den Schmerz weg!
Beiß den Schmerz weg!
Beiß den Schmerz weg!
Beiß den Schmerz weg!
Beiß den Schmerz weg!
Beiß den Schmerz weg!
Beiß den Schmerz weg!
Beiß den Schmerz weg!
Beiß den Schmerz weg!
Beiß den Schmerz weg!
Beiß den Schmerz weg!
Beiß den Schmerz weg!
Beiß den Schmerz weg!
Beiß den Schmerz weg!
Beiß den Schmerz weg!
Beiß den Schmerz weg!
Beiß den Schmerz weg!
Beiß den Schmerz weg!
Beiß den Schmerz weg!
Beiß den Schmerz weg!
Beiß den Schmerz weg!
Beiß den Schmerz weg!

Beiß den Schmerz weg!
Beiß den Schmerz weg!
Beiß den Schmerz weg!
Beiß den Schmerz weg!
Beiß den Schmerz weg!
Beiß den Schmerz weg!
Beiß den Schmerz weg!
Beiß den Schmerz weg!
Beiß den Schmerz weg!
Beiß den Schmerz weg!
Beiß den Schmerz weg!
Beiß den Schmerz weg!
Beiß den Schmerz weg!
Beiß den Schmerz weg!
Beiß den Schmerz weg!
Beiß den Schmerz weg!
Beiß den Schmerz weg!
Beiß den Schmerz weg!
Beiß den Schmerz weg!
Beiß den Schmerz weg!
Beiß den Schmerz weg!
Beiß den Schmerz weg!
Beiß den Schmerz weg!
Beiß den Schmerz weg!
Beiß den Schmerz weg!
Beiß den Schmerz weg!
Beiß den Schmerz weg!
Beiß den Schmerz weg!
Beiß den Schmerz weg!
Beiß den Schmerz weg!
Beiß den Schmerz weg!
Beiß den Schmerz weg!
Beiß den Schmerz weg!
Beiß den Schmerz weg!

Beiß den Schmerz weg!
Beiß den Schmerz weg!
Beiß den Schmerz weg!
Beiß den Schmerz weg!
Beiß den Schmerz weg!
Beiß den Schmerz weg!
Beiß den Schmerz weg!
Beiß den Schmerz weg!
Beiß den Schmerz weg!
Beiß den Schmerz weg!
Beiß den Schmerz weg!
Beiß den Schmerz weg!
Beiß den Schmerz weg!
Beiß den Schmerz weg!
Beiß den Schmerz weg!
Beiß den Schmerz weg!
Beiß den Schmerz weg!
Beiß den Schmerz weg!
Beiß den Schmerz weg!
Beiß den Schmerz weg!
Beiß den Schmerz weg!
Beiß den Schmerz weg!
Beiß den Schmerz weg!
Beiß den Schmerz weg!
Beiß den Schmerz weg!
Beiß den Schmerz weg!
Beiß den Schmerz weg!
Beiß den Schmerz weg!
Beiß den Schmerz weg!
Beiß den Schmerz weg!
Beiß den Schmerz weg!
Beiß den Schmerz weg!
Beiß den Schmerz weg!
Beiß den Schmerz weg!
Beiß den Schmerz weg!

Beiß den Schmerz weg!
Beiß den Schmerz weg!
Beiß den Schmerz weg!
Beiß den Schmerz weg!
Beiß den Schmerz weg!
Beiß den Schmerz weg!
Beiß den Schmerz weg!
Beiß den Schmerz weg!
Beiß den Schmerz weg!
Beiß den Schmerz weg!
Beiß den Schmerz weg!
Beiß den Schmerz weg!
Beiß den Schmerz weg!
Beiß den Schmerz weg!
Beiß den Schmerz weg!
Beiß den Schmerz weg!
Beiß den Schmerz weg!
Beiß den Schmerz weg!
Beiß den Schmerz weg!
Beiß den Schmerz weg!
Beiß den Schmerz weg!
Beiß den Schmerz weg!
Beiß den Schmerz weg!
Beiß den Schmerz weg!
Beiß den Schmerz weg!
Beiß den Schmerz weg!
Beiß den Schmerz weg!
Beiß den Schmerz weg!
Beiß den Schmerz weg!
Beiß den Schmerz weg!
Beiß den Schmerz weg!
Beiß den Schmerz weg!
Beiß den Schmerz weg!
Beiß den Schmerz weg!
Beiß den Schmerz weg!

Beiß den Schmerz weg!
Beiß den Schmerz weg!
Beiß den Schmerz weg!
Beiß den Schmerz weg!
Beiß den Schmerz weg!
Beiß den Schmerz weg!
Beiß den Schmerz weg!
Beiß den Schmerz weg!
Beiß den Schmerz weg!
Beiß den Schmerz weg!
Beiß den Schmerz weg!
Beiß den Schmerz weg!
Beiß den Schmerz weg!
Beiß den Schmerz weg!
Beiß den Schmerz weg!
Beiß den Schmerz weg!
Beiß den Schmerz weg!
Beiß den Schmerz weg!
Beiß den Schmerz weg!
Beiß den Schmerz weg!
Beiß den Schmerz weg!
Beiß den Schmerz weg!
Beiß den Schmerz weg!
Beiß den Schmerz weg!
Beiß den Schmerz weg! Beiß den Schmerz weg!
Beiß den Schmerz weg!
Beiß den Schmerz weg!
Beiß den Schmerz weg!
Beiß den Schmerz weg!
Beiß den Schmerz weg!
Beiß den Schmerz weg!
Beiß den Schmerz weg!
Beiß den Schmerz weg!
Beiß den Schmerz weg!
Beiß den Schmerz weg!

Beiß den Schmerz weg!
Beiß den Schmerz weg!
Beiß den Schmerz weg!
Beiß den Schmerz weg!
Beiß den Schmerz weg!
Beiß den Schmerz weg!
Beiß den Schmerz weg!
Beiß den Schmerz weg!
Beiß den Schmerz weg!
Beiß den Schmerz weg!
Beiß den Schmerz weg!
Beiß den Schmerz weg!
Beiß den Schmerz weg!
Beiß den Schmerz weg!
Beiß den Schmerz weg!
Beiß den Schmerz weg!
Beiß den Schmerz weg!
Beiß den Schmerz weg!
Beiß den Schmerz weg!
Beiß den Schmerz weg!
Beiß den Schmerz weg!
Beiß den Schmerz weg!
Beiß den Schmerz weg!
Beiß den Schmerz weg!
Beiß den Schmerz weg!
Beiß den Schmerz weg!
Beiß den Schmerz weg!
Beiß den Schmerz weg!
Beiß den Schmerz weg!
Beiß den Schmerz weg!
Beiß den Schmerz weg!
Beiß den Schmerz weg!
Beiß den Schmerz weg!

Beiß den Schmerz weg!
Beiß den Schmerz weg!
Beiß den Schmerz weg!
Beiß den Schmerz weg!
Beiß den Schmerz weg!
Beiß den Schmerz weg!
Beiß den Schmerz weg!
Beiß den Schmerz weg!
Beiß den Schmerz weg!
Beiß den Schmerz weg!
Beiß den Schmerz weg!
Beiß den Schmerz weg!
Beiß den Schmerz weg!
Beiß den Schmerz weg!
Beiß den Schmerz weg!
Beiß den Schmerz weg!
Beiß den Schmerz weg!
Beiß den Schmerz weg!
Beiß den Schmerz weg!
Beiß den Schmerz weg!
Beiß den Schmerz weg!
Beiß den Schmerz weg!
Beiß den Schmerz weg!
Beiß den Schmerz weg!
Beiß den Schmerz weg!
Beiß den Schmerz weg!
Beiß den Schmerz weg!
Beiß den Schmerz weg!
Beiß den Schmerz weg!
Beiß den Schmerz weg!
Beiß den Schmerz weg!
Beiß den Schmerz weg!
Beiß den Schmerz weg!

Beiß den Schmerz weg!
Beiß den Schmerz weg!
Beiß den Schmerz weg!
Beiß den Schmerz weg!
Beiß den Schmerz weg!
Beiß den Schmerz weg!
Beiß den Schmerz weg!
Beiß den Schmerz weg!
Beiß den Schmerz weg!
Beiß den Schmerz weg!
Beiß den Schmerz weg!
Beiß den Schmerz weg!
Beiß den Schmerz weg!
Beiß den Schmerz weg!
Beiß den Schmerz weg!
Beiß den Schmerz weg!
Beiß den Schmerz weg!
Beiß den Schmerz weg!
Beiß den Schmerz weg!
Beiß den Schmerz weg!
Beiß den Schmerz weg!
Beiß den Schmerz weg!
Beiß den Schmerz weg!
Beiß den Schmerz weg!
Beiß den Schmerz weg!
Beiß den Schmerz weg!
Beiß den Schmerz weg!
Beiß den Schmerz weg!
Beiß den Schmerz weg!
Beiß den Schmerz weg!
Beiß den Schmerz weg!
Beiß den Schmerz weg!
Beiß den Schmerz weg!
Beiß den Schmerz weg!
Beiß den Schmerz weg!

Beiß den Schmerz weg!
Beiß den Schmerz weg!
Beiß den Schmerz weg!
Beiß den Schmerz weg!
Beiß den Schmerz weg!
Beiß den Schmerz weg!
Beiß den Schmerz weg!
Beiß den Schmerz weg!
Beiß den Schmerz weg!
Beiß den Schmerz weg!
Beiß den Schmerz weg!
Beiß den Schmerz weg!
Beiß den Schmerz weg!
Beiß den Schmerz weg!
Beiß den Schmerz weg!
Beiß den Schmerz weg!
Beiß den Schmerz weg!
Beiß den Schmerz weg!
Beiß den Schmerz weg!
Beiß den Schmerz weg!
Beiß den Schmerz weg!
Beiß den Schmerz weg!
Beiß den Schmerz weg!
Beiß den Schmerz weg!
Beiß den Schmerz weg!
Beiß den Schmerz weg!
Beiß den Schmerz weg!
Beiß den Schmerz weg!
Beiß den Schmerz weg!
Beiß den Schmerz weg!
Beiß den Schmerz weg!
Beiß den Schmerz weg!
Beiß den Schmerz weg!
Beiß den Schmerz weg!
Beiß den Schmerz weg!
Beiß den Schmerz weg!
Beiß den Schmerz weg!
Beiß den Schmerz weg!
Beiß den Schmerz weg!
Beiß den Schmerz weg!

Beiß den Schmerz weg!
Beiß den Schmerz weg!
Beiß den Schmerz weg!
Beiß den Schmerz weg!
Beiß den Schmerz weg!
Beiß den Schmerz weg!
Beiß den Schmerz weg!
Beiß den Schmerz weg!
Beiß den Schmerz weg!
Beiß den Schmerz weg!
Beiß den Schmerz weg!
Beiß den Schmerz weg!
Beiß den Schmerz weg!
Beiß den Schmerz weg!
Beiß den Schmerz weg!
Beiß den Schmerz weg!
Beiß den Schmerz weg!
Beiß den Schmerz weg!
Beiß den Schmerz weg!
Beiß den Schmerz weg!
Beiß den Schmerz weg!
Beiß den Schmerz weg!
Beiß den Schmerz weg!
Beiß den Schmerz weg!
Beiß den Schmerz weg!
Beiß den Schmerz weg!
Beiß den Schmerz weg!
Beiß den Schmerz weg!
Beiß den Schmerz weg!
Beiß den Schmerz weg!
Beiß den Schmerz weg!
Beiß den Schmerz weg!
Beiß den Schmerz weg!
Beiß den Schmerz weg!
Beiß den Schmerz weg!
Beiß den Schmerz weg!

Beiß den Schmerz weg!
Beiß den Schmerz weg!
Beiß den Schmerz weg!
Beiß den Schmerz weg!
Beiß den Schmerz weg!
Beiß den Schmerz weg!
Beiß den Schmerz weg!
Beiß den Schmerz weg!
Beiß den Schmerz weg!
Beiß den Schmerz weg!
Beiß den Schmerz weg!
Beiß den Schmerz weg!
Beiß den Schmerz weg!
Beiß den Schmerz weg!
Beiß den Schmerz weg!
Beiß den Schmerz weg!
Beiß den Schmerz weg!
Beiß den Schmerz weg!
Beiß den Schmerz weg!
Beiß den Schmerz weg!
Beiß den Schmerz weg!
Beiß den Schmerz weg!
Beiß den Schmerz weg!
Beiß den Schmerz weg!
Beiß den Schmerz weg!
Beiß den Schmerz weg!
Beiß den Schmerz weg!
Beiß den Schmerz weg!
Beiß den Schmerz weg!
Beiß den Schmerz weg!
Beiß den Schmerz weg!
Beiß den Schmerz weg!
Beiß den Schmerz weg!
Beiß den Schmerz weg!

Beiß den Schmerz weg!
Beiß den Schmerz weg!
Beiß den Schmerz weg!
Beiß den Schmerz weg!
Beiß den Schmerz weg!
Beiß den Schmerz weg!
Beiß den Schmerz weg!
Beiß den Schmerz weg!
Beiß den Schmerz weg!
Beiß den Schmerz weg!
Beiß den Schmerz weg!
Beiß den Schmerz weg!
Beiß den Schmerz weg!
Beiß den Schmerz weg!
Beiß den Schmerz weg!
Beiß den Schmerz weg!
Beiß den Schmerz weg!
Beiß den Schmerz weg!
Beiß den Schmerz weg!
Beiß den Schmerz weg!
Beiß den Schmerz weg!
Beiß den Schmerz weg!
Beiß den Schmerz weg!
Beiß den Schmerz weg!
Beiß den Schmerz weg!
Beiß den Schmerz weg!
Beiß den Schmerz weg!
Beiß den Schmerz weg!
Beiß den Schmerz weg!
Beiß den Schmerz weg!
Beiß den Schmerz weg!
Beiß den Schmerz weg!
Beiß den Schmerz weg!
Beiß den Schmerz weg!
Beiß den Schmerz weg!
Beiß den Schmerz weg!
Beiß den Schmerz weg!

Beiß den Schmerz weg!
Beiß den Schmerz weg!
Beiß den Schmerz weg!
Beiß den Schmerz weg!
Beiß den Schmerz weg!
Beiß den Schmerz weg!
Beiß den Schmerz weg!
Beiß den Schmerz weg!
Beiß den Schmerz weg!
Beiß den Schmerz weg!
Beiß den Schmerz weg!
Beiß den Schmerz weg!
Beiß den Schmerz weg!
Beiß den Schmerz weg!
Beiß den Schmerz weg!
Beiß den Schmerz weg!
Beiß den Schmerz weg!
Beiß den Schmerz weg!
Beiß den Schmerz weg!
Beiß den Schmerz weg!
Beiß den Schmerz weg!
Beiß den Schmerz weg!
Beiß den Schmerz weg!
Beiß den Schmerz weg!
Beiß den Schmerz weg!
Beiß den Schmerz weg!
Beiß den Schmerz weg!
Beiß den Schmerz weg!
Beiß den Schmerz weg!
Beiß den Schmerz weg!
Beiß den Schmerz weg!
Beiß den Schmerz weg!
Beiß den Schmerz weg!
Beiß den Schmerz weg!
Beiß den Schmerz weg!
Beiß den Schmerz weg!

Beiß den Schmerz weg!
Beiß den Schmerz weg!
Beiß den Schmerz weg!
Beiß den Schmerz weg!
Beiß den Schmerz weg!
Beiß den Schmerz weg!
Beiß den Schmerz weg!
Beiß den Schmerz weg!
Beiß den Schmerz weg!
Beiß den Schmerz weg!
Beiß den Schmerz weg!
Beiß den Schmerz weg!
Beiß den Schmerz weg!
Beiß den Schmerz weg!
Beiß den Schmerz weg!
Beiß den Schmerz weg!
Beiß den Schmerz weg!
Beiß den Schmerz weg!
Beiß den Schmerz weg!
Beiß den Schmerz weg!
Beiß den Schmerz weg!
Beiß den Schmerz weg!
Beiß den Schmerz weg!
Beiß den Schmerz weg!
Beiß den Schmerz weg!
Beiß den Schmerz weg!
Beiß den Schmerz weg!
Beiß den Schmerz weg!
Beiß den Schmerz weg!
Beiß den Schmerz weg!
Beiß den Schmerz weg!
Beiß den Schmerz weg!
Beiß den Schmerz weg!
Beiß den Schmerz weg!

Beiß den Schmerz weg!
Beiß den Schmerz weg!
Beiß den Schmerz weg!
Beiß den Schmerz weg!
Beiß den Schmerz weg!
Beiß den Schmerz weg!
Beiß den Schmerz weg!
Beiß den Schmerz weg!
Beiß den Schmerz weg!
Beiß den Schmerz weg!
Beiß den Schmerz weg!
Beiß den Schmerz weg!
Beiß den Schmerz weg!
Beiß den Schmerz weg!
Beiß den Schmerz weg!
Beiß den Schmerz weg!
Beiß den Schmerz weg!
Beiß den Schmerz weg!
Beiß den Schmerz weg!
Beiß den Schmerz weg!
Beiß den Schmerz weg!
Beiß den Schmerz weg!
Beiß den Schmerz weg!
Beiß den Schmerz weg!
Beiß den Schmerz weg!
Beiß den Schmerz weg!
Beiß den Schmerz weg!
Beiß den Schmerz weg!
Beiß den Schmerz weg!
Beiß den Schmerz weg!
Beiß den Schmerz weg!
Beiß den Schmerz weg!
Beiß den Schmerz weg!
Beiß den Schmerz weg!

Beiß den Schmerz weg!
Beiß den Schmerz weg!
Beiß den Schmerz weg!
Beiß den Schmerz weg!
Beiß den Schmerz weg!
Beiß den Schmerz weg!
Beiß den Schmerz weg!
Beiß den Schmerz weg!
Beiß den Schmerz weg!
Beiß den Schmerz weg!
Beiß den Schmerz weg!
Beiß den Schmerz weg!
Beiß den Schmerz weg!
Beiß den Schmerz weg!
Beiß den Schmerz weg!
Beiß den Schmerz weg!
Beiß den Schmerz weg!
Beiß den Schmerz weg!
Beiß den Schmerz weg!
Beiß den Schmerz weg!
Beiß den Schmerz weg!
Beiß den Schmerz weg!
Beiß den Schmerz weg!
Beiß den Schmerz weg!
Beiß den Schmerz weg!
Beiß den Schmerz weg!
Beiß den Schmerz weg!
Beiß den Schmerz weg!
Beiß den Schmerz weg!
Beiß den Schmerz weg!
Beiß den Schmerz weg!
Beiß den Schmerz weg!
Beiß den Schmerz weg!
Beiß den Schmerz weg!

Beiß den Schmerz weg!
Beiß den Schmerz weg!
Beiß den Schmerz weg!
Beiß den Schmerz weg!
Beiß den Schmerz weg!
Beiß den Schmerz weg!
Beiß den Schmerz weg!
Beiß den Schmerz weg!
Beiß den Schmerz weg!
Beiß den Schmerz weg!
Beiß den Schmerz weg!
Beiß den Schmerz weg!
Beiß den Schmerz weg!
Beiß den Schmerz weg!
Beiß den Schmerz weg!
Beiß den Schmerz weg!
Beiß den Schmerz weg!
Beiß den Schmerz weg!
Beiß den Schmerz weg!
Beiß den Schmerz weg!
Beiß den Schmerz weg!
Beiß den Schmerz weg!
Beiß den Schmerz weg!
Beiß den Schmerz weg!
Beiß den Schmerz weg!
Beiß den Schmerz weg!
Beiß den Schmerz weg!
Beiß den Schmerz weg!
Beiß den Schmerz weg!
Beiß den Schmerz weg!
Beiß den Schmerz weg!
Beiß den Schmerz weg!
Beiß den Schmerz weg!
Beiß den Schmerz weg!
Beiß den Schmerz weg!

Beiß den Schmerz weg!
Beiß den Schmerz weg!
Beiß den Schmerz weg!
Beiß den Schmerz weg!
Beiß den Schmerz weg!
Beiß den Schmerz weg!
Beiß den Schmerz weg!
Beiß den Schmerz weg!
Beiß den Schmerz weg!
Beiß den Schmerz weg!
Beiß den Schmerz weg!
Beiß den Schmerz weg!
Beiß den Schmerz weg!
Beiß den Schmerz weg!
Beiß den Schmerz weg!
Beiß den Schmerz weg!
Beiß den Schmerz weg!
Beiß den Schmerz weg!
Beiß den Schmerz weg!
Beiß den Schmerz weg!
Beiß den Schmerz weg!
Beiß den Schmerz weg!
Beiß den Schmerz weg!
Beiß den Schmerz weg!
Beiß den Schmerz weg!
Beiß den Schmerz weg!
Beiß den Schmerz weg!
Beiß den Schmerz weg!
Beiß den Schmerz weg!
Beiß den Schmerz weg!
Beiß den Schmerz weg!
Beiß den Schmerz weg!
Beiß den Schmerz weg!
Beiß den Schmerz weg!
Beiß den Schmerz weg!
Beiß den Schmerz weg!
Beiß den Schmerz weg!
Beiß den Schmerz weg!
Beiß den Schmerz weg!
Beiß den Schmerz weg!
Beiß den Schmerz weg!
Beiß den Schmerz weg!
Beiß den Schmerz weg!
Beiß den Schmerz weg!

Beiß den Schmerz weg!
Beiß den Schmerz weg!
Beiß den Schmerz weg!
Beiß den Schmerz weg!
Beiß den Schmerz weg!
Beiß den Schmerz weg!
Beiß den Schmerz weg!
Beiß den Schmerz weg!
Beiß den Schmerz weg!
Beiß den Schmerz weg!
Beiß den Schmerz weg!
Beiß den Schmerz weg!
Beiß den Schmerz weg!
Beiß den Schmerz weg!
Beiß den Schmerz weg!
Beiß den Schmerz weg!
Beiß den Schmerz weg!
Beiß den Schmerz weg!
Beiß den Schmerz weg!
Beiß den Schmerz weg!
Beiß den Schmerz weg!
Beiß den Schmerz weg!
Beiß den Schmerz weg!
Beiß den Schmerz weg!
Beiß den Schmerz weg!
Beiß den Schmerz weg!
Beiß den Schmerz weg!
Beiß den Schmerz weg!
Beiß den Schmerz weg!
Beiß den Schmerz weg!
Beiß den Schmerz weg!
Beiß den Schmerz weg!
Beiß den Schmerz weg!
Beiß den Schmerz weg!
Beiß den Schmerz weg!

Beiß den Schmerz weg!
Beiß den Schmerz weg!
Beiß den Schmerz weg!
Beiß den Schmerz weg!
Beiß den Schmerz weg!
Beiß den Schmerz weg!
Beiß den Schmerz weg!
Beiß den Schmerz weg!
Beiß den Schmerz weg!
Beiß den Schmerz weg!
Beiß den Schmerz weg!
Beiß den Schmerz weg!
Beiß den Schmerz weg!
Beiß den Schmerz weg!
Beiß den Schmerz weg!
Beiß den Schmerz weg!
Beiß den Schmerz weg!
Beiß den Schmerz weg!
Beiß den Schmerz weg!
Beiß den Schmerz weg!
Beiß den Schmerz weg!
Beiß den Schmerz weg!
Beiß den Schmerz weg!
Beiß den Schmerz weg!
Beiß den Schmerz weg!
Beiß den Schmerz weg!
Beiß den Schmerz weg!
Beiß den Schmerz weg!
Beiß den Schmerz weg!
Beiß den Schmerz weg!
Beiß den Schmerz weg!
Beiß den Schmerz weg!
Beiß den Schmerz weg!
Beiß den Schmerz weg!

Beiß den Schmerz weg!
Beiß den Schmerz weg!
Beiß den Schmerz weg!
Beiß den Schmerz weg!
Beiß den Schmerz weg!
Beiß den Schmerz weg!
Beiß den Schmerz weg!
Beiß den Schmerz weg!
Beiß den Schmerz weg!
Beiß den Schmerz weg!
Beiß den Schmerz weg!
Beiß den Schmerz weg!
Beiß den Schmerz weg!
Beiß den Schmerz weg!
Beiß den Schmerz weg!
Beiß den Schmerz weg!
Beiß den Schmerz weg!
Beiß den Schmerz weg!
Beiß den Schmerz weg!
Beiß den Schmerz weg!
Beiß den Schmerz weg!
Beiß den Schmerz weg!
Beiß den Schmerz weg!
Beiß den Schmerz weg!
Beiß den Schmerz weg!
Beiß den Schmerz weg!
Beiß den Schmerz weg!
Beiß den Schmerz weg!
Beiß den Schmerz weg!
Beiß den Schmerz weg!
Beiß den Schmerz weg!
Beiß den Schmerz weg!
Beiß den Schmerz weg!
Beiß den Schmerz weg!

Beiß den Schmerz weg!
Beiß den Schmerz weg!
Beiß den Schmerz weg!
Beiß den Schmerz weg!
Beiß den Schmerz weg!
Beiß den Schmerz weg!
Beiß den Schmerz weg!
Beiß den Schmerz weg!
Beiß den Schmerz weg!
Beiß den Schmerz weg!
Beiß den Schmerz weg!
Beiß den Schmerz weg!
Beiß den Schmerz weg!
Beiß den Schmerz weg!
Beiß den Schmerz weg!
Beiß den Schmerz weg!
Beiß den Schmerz weg!
Beiß den Schmerz weg!
Beiß den Schmerz weg!
Beiß den Schmerz weg!
Beiß den Schmerz weg!
Beiß den Schmerz weg!
Beiß den Schmerz weg!
Beiß den Schmerz weg!
Beiß den Schmerz weg!
Beiß den Schmerz weg!
Beiß den Schmerz weg!
Beiß den Schmerz weg!
Beiß den Schmerz weg!
Beiß den Schmerz weg! Beiß den Schmerz weg!
Beiß den Schmerz weg!
Beiß den Schmerz weg!
Beiß den Schmerz weg!

Beiß den Schmerz weg!
Beiß den Schmerz weg!
Beiß den Schmerz weg!
Beiß den Schmerz weg!
Beiß den Schmerz weg!
Beiß den Schmerz weg!
Beiß den Schmerz weg!
Beiß den Schmerz weg!
Beiß den Schmerz weg!
Beiß den Schmerz weg!
Beiß den Schmerz weg!
Beiß den Schmerz weg!
Beiß den Schmerz weg!
Beiß den Schmerz weg!
Beiß den Schmerz weg!
Beiß den Schmerz weg!
Beiß den Schmerz weg!
Beiß den Schmerz weg!
Beiß den Schmerz weg!
Beiß den Schmerz weg!
Beiß den Schmerz weg!
Beiß den Schmerz weg!
Beiß den Schmerz weg!
Beiß den Schmerz weg!
Beiß den Schmerz weg!
Beiß den Schmerz weg!
Beiß den Schmerz weg!
Beiß den Schmerz weg!
Beiß den Schmerz weg!
Beiß den Schmerz weg!
Beiß den Schmerz weg!
Beiß den Schmerz weg!
Beiß den Schmerz weg!
Beiß den Schmerz weg!
Beiß den Schmerz weg!
Beiß den Schmerz weg!
Beiß den Schmerz weg!
Beiß den Schmerz weg!
Beiß den Schmerz weg!
Beiß den Schmerz weg!
Beiß den Schmerz weg!
Beiß den Schmerz weg!
Beiß den Schmerz weg!

Beiß den Schmerz weg!
Beiß den Schmerz weg!
Beiß den Schmerz weg!
Beiß den Schmerz weg!
Beiß den Schmerz weg!
Beiß den Schmerz weg!
Beiß den Schmerz weg!
Beiß den Schmerz weg!
Beiß den Schmerz weg!
Beiß den Schmerz weg!
Beiß den Schmerz weg!
Beiß den Schmerz weg!
Beiß den Schmerz weg!
Beiß den Schmerz weg!
Beiß den Schmerz weg!
Beiß den Schmerz weg!
Beiß den Schmerz weg!
Beiß den Schmerz weg!
Beiß den Schmerz weg!
Beiß den Schmerz weg!
Beiß den Schmerz weg!
Beiß den Schmerz weg!
Beiß den Schmerz weg!
Beiß den Schmerz weg!
Beiß den Schmerz weg!
Beiß den Schmerz weg!
Beiß den Schmerz weg!
Beiß den Schmerz weg!
Beiß den Schmerz weg!
Beiß den Schmerz weg!
Beiß den Schmerz weg!
Beiß den Schmerz weg!
Beiß den Schmerz weg!
Beiß den Schmerz weg!
Beiß den Schmerz weg!
Beiß den Schmerz weg!
Beiß den Schmerz weg!
Beiß den Schmerz weg!
Beiß den Schmerz weg!
Beiß den Schmerz weg!

Beiß den Schmerz weg!
Beiß den Schmerz weg!
Beiß den Schmerz weg!
Beiß den Schmerz weg!
Beiß den Schmerz weg!
Beiß den Schmerz weg!
Beiß den Schmerz weg!
Beiß den Schmerz weg!
Beiß den Schmerz weg!
Beiß den Schmerz weg!
Beiß den Schmerz weg!
Beiß den Schmerz weg!
Beiß den Schmerz weg!
Beiß den Schmerz weg!
Beiß den Schmerz weg!
Beiß den Schmerz weg!
Beiß den Schmerz weg!
Beiß den Schmerz weg!
Beiß den Schmerz weg!
Beiß den Schmerz weg!
Beiß den Schmerz weg!
Beiß den Schmerz weg!
Beiß den Schmerz weg!
Beiß den Schmerz weg!
Beiß den Schmerz weg!
Beiß den Schmerz weg!
Beiß den Schmerz weg!
Beiß den Schmerz weg!
Beiß den Schmerz weg!
Beiß den Schmerz weg!
Beiß den Schmerz weg!
Beiß den Schmerz weg!
Beiß den Schmerz weg!
Beiß den Schmerz weg!
Beiß den Schmerz weg!

Beiß den Schmerz weg!
Beiß den Schmerz weg!
Beiß den Schmerz weg!
Beiß den Schmerz weg!
Beiß den Schmerz weg!
Beiß den Schmerz weg!
Beiß den Schmerz weg!
Beiß den Schmerz weg!
Beiß den Schmerz weg!
Beiß den Schmerz weg!
Beiß den Schmerz weg!
Beiß den Schmerz weg!
Beiß den Schmerz weg!
Beiß den Schmerz weg!
Beiß den Schmerz weg!
Beiß den Schmerz weg!
Beiß den Schmerz weg!
Beiß den Schmerz weg!
Beiß den Schmerz weg!
Beiß den Schmerz weg!
Beiß den Schmerz weg!
Beiß den Schmerz weg!
Beiß den Schmerz weg!
Beiß den Schmerz weg!
Beiß den Schmerz weg!
Beiß den Schmerz weg!
Beiß den Schmerz weg!
Beiß den Schmerz weg!
Beiß den Schmerz weg!
Beiß den Schmerz weg!
Beiß den Schmerz weg!
Beiß den Schmerz weg!
Beiß den Schmerz weg!

Beiß den Schmerz weg!
Beiß den Schmerz weg!
Beiß den Schmerz weg!
Beiß den Schmerz weg!
Beiß den Schmerz weg!
Beiß den Schmerz weg!
Beiß den Schmerz weg!
Beiß den Schmerz weg!
Beiß den Schmerz weg!
Beiß den Schmerz weg!
Beiß den Schmerz weg!
Beiß den Schmerz weg!
Beiß den Schmerz weg!
Beiß den Schmerz weg!
Beiß den Schmerz weg!
Beiß den Schmerz weg!
Beiß den Schmerz weg!
Beiß den Schmerz weg!
Beiß den Schmerz weg!
Beiß den Schmerz weg!
Beiß den Schmerz weg!
Beiß den Schmerz weg!
Beiß den Schmerz weg!
Beiß den Schmerz weg!
Beiß den Schmerz weg!
Beiß den Schmerz weg!
Beiß den Schmerz weg!
Beiß den Schmerz weg!
Beiß den Schmerz weg!
Beiß den Schmerz weg!
Beiß den Schmerz weg!
Beiß den Schmerz weg!
Beiß den Schmerz weg!
Beiß den Schmerz weg!

Beiß den Schmerz weg!
Beiß den Schmerz weg!
Beiß den Schmerz weg!
Beiß den Schmerz weg!
Beiß den Schmerz weg!
Beiß den Schmerz weg!
Beiß den Schmerz weg!
Beiß den Schmerz weg!
Beiß den Schmerz weg!
Beiß den Schmerz weg!
Beiß den Schmerz weg!
Beiß den Schmerz weg!
Beiß den Schmerz weg!
Beiß den Schmerz weg!
Beiß den Schmerz weg!
Beiß den Schmerz weg!
Beiß den Schmerz weg!
Beiß den Schmerz weg!
Beiß den Schmerz weg!
Beiß den Schmerz weg!
Beiß den Schmerz weg!
Beiß den Schmerz weg!
Beiß den Schmerz weg!
Beiß den Schmerz weg!
Beiß den Schmerz weg!
Beiß den Schmerz weg!
Beiß den Schmerz weg!
Beiß den Schmerz weg!
Beiß den Schmerz weg!
Beiß den Schmerz weg!
Beiß den Schmerz weg!
Beiß den Schmerz weg!
Beiß den Schmerz weg!
Beiß den Schmerz weg!
Beiß den Schmerz weg!
Beiß den Schmerz weg!
Beiß den Schmerz weg!

Beiß den Schmerz weg!
Beiß den Schmerz weg!
Beiß den Schmerz weg!
Beiß den Schmerz weg!
Beiß den Schmerz weg!
Beiß den Schmerz weg!
Beiß den Schmerz weg!
Beiß den Schmerz weg!
Beiß den Schmerz weg!
Beiß den Schmerz weg!
Beiß den Schmerz weg!
Beiß den Schmerz weg!
Beiß den Schmerz weg!
Beiß den Schmerz weg!
Beiß den Schmerz weg!
Beiß den Schmerz weg!
Beiß den Schmerz weg!
Beiß den Schmerz weg!
Beiß den Schmerz weg!
Beiß den Schmerz weg!
Beiß den Schmerz weg!
Beiß den Schmerz weg!
Beiß den Schmerz weg!
Beiß den Schmerz weg!
Beiß den Schmerz weg!
Beiß den Schmerz weg!
Beiß den Schmerz weg!
Beiß den Schmerz weg!
Beiß den Schmerz weg!
Beiß den Schmerz weg!

Beiß den Schmerz weg!
Beiß den Schmerz weg!
Beiß den Schmerz weg!
Beiß den Schmerz weg!
Beiß den Schmerz weg!
Beiß den Schmerz weg!
Beiß den Schmerz weg!
Beiß den Schmerz weg!
Beiß den Schmerz weg!
Beiß den Schmerz weg!
Beiß den Schmerz weg!
Beiß den Schmerz weg!
Beiß den Schmerz weg!
Beiß den Schmerz weg!
Beiß den Schmerz weg!
Beiß den Schmerz weg!
Beiß den Schmerz weg!
Beiß den Schmerz weg!
Beiß den Schmerz weg!
Beiß den Schmerz weg!
Beiß den Schmerz weg!
Beiß den Schmerz weg!
Beiß den Schmerz weg!
Beiß den Schmerz weg!
Beiß den Schmerz weg!
Beiß den Schmerz weg!
Beiß den Schmerz weg!
Beiß den Schmerz weg!
Beiß den Schmerz weg!
Beiß den Schmerz weg!
Beiß den Schmerz weg!
Beiß den Schmerz weg!
Beiß den Schmerz weg!
Beiß den Schmerz weg!
Beiß den Schmerz weg!

Beiß den Schmerz weg!
Beiß den Schmerz weg!
Beiß den Schmerz weg!
Beiß den Schmerz weg!
Beiß den Schmerz weg!
Beiß den Schmerz weg!
Beiß den Schmerz weg!
Beiß den Schmerz weg!
Beiß den Schmerz weg!
Beiß den Schmerz weg!
Beiß den Schmerz weg!
Beiß den Schmerz weg!
Beiß den Schmerz weg!
Beiß den Schmerz weg!
Beiß den Schmerz weg!
Beiß den Schmerz weg!
Beiß den Schmerz weg!
Beiß den Schmerz weg!
Beiß den Schmerz weg!
Beiß den Schmerz weg!
Beiß den Schmerz weg!
Beiß den Schmerz weg!
Beiß den Schmerz weg!
Beiß den Schmerz weg!
Beiß den Schmerz weg!
Beiß den Schmerz weg!
Beiß den Schmerz weg!
Beiß den Schmerz weg!
Beiß den Schmerz weg!
Beiß den Schmerz weg!
Beiß den Schmerz weg!
Beiß den Schmerz weg!
Beiß den Schmerz weg!
Beiß den Schmerz weg!
Beiß den Schmerz weg!
Beiß den Schmerz weg!
Beiß den Schmerz weg!
Beiß den Schmerz weg!
Beiß den Schmerz weg!
Beiß den Schmerz weg!

Beiß den Schmerz weg!
Beiß den Schmerz weg!
Beiß den Schmerz weg!
Beiß den Schmerz weg!
Beiß den Schmerz weg!
Beiß den Schmerz weg!
Beiß den Schmerz weg!
Beiß den Schmerz weg!
Beiß den Schmerz weg!
Beiß den Schmerz weg!
Beiß den Schmerz weg!
Beiß den Schmerz weg!
Beiß den Schmerz weg!
Beiß den Schmerz weg!
Beiß den Schmerz weg!
Beiß den Schmerz weg!
Beiß den Schmerz weg!
Beiß den Schmerz weg!
Beiß den Schmerz weg!
Beiß den Schmerz weg!
Beiß den Schmerz weg!
Beiß den Schmerz weg!
Beiß den Schmerz weg!
Beiß den Schmerz weg!
Beiß den Schmerz weg!
Beiß den Schmerz weg!
Beiß den Schmerz weg!
Beiß den Schmerz weg!
Beiß den Schmerz weg!
Beiß den Schmerz weg!
Beiß den Schmerz weg!
Beiß den Schmerz weg!
Beiß den Schmerz weg!
Beiß den Schmerz weg!
Beiß den Schmerz weg!
Beiß den Schmerz weg!
Beiß den Schmerz weg!
Beiß den Schmerz weg!
Beiß den Schmerz weg!
Beiß den Schmerz weg!
Beiß den Schmerz weg!

Beiß den Schmerz weg!
Beiß den Schmerz weg!
Beiß den Schmerz weg!
Beiß den Schmerz weg!
Beiß den Schmerz weg!
Beiß den Schmerz weg!
Beiß den Schmerz weg!
Beiß den Schmerz weg!
Beiß den Schmerz weg!
Beiß den Schmerz weg!
Beiß den Schmerz weg!
Beiß den Schmerz weg!
Beiß den Schmerz weg!
Beiß den Schmerz weg!
Beiß den Schmerz weg!
Beiß den Schmerz weg!
Beiß den Schmerz weg!
Beiß den Schmerz weg!
Beiß den Schmerz weg!
Beiß den Schmerz weg!
Beiß den Schmerz weg!
Beiß den Schmerz weg!
Beiß den Schmerz weg!
Beiß den Schmerz weg!
Beiß den Schmerz weg!
Beiß den Schmerz weg!
Beiß den Schmerz weg!
Beiß den Schmerz weg!
Beiß den Schmerz weg!
Beiß den Schmerz weg!
Beiß den Schmerz weg!
Beiß den Schmerz weg!
Beiß den Schmerz weg!
Beiß den Schmerz weg!
Beiß den Schmerz weg!

Beiß den Schmerz weg!
Beiß den Schmerz weg!
Beiß den Schmerz weg!
Beiß den Schmerz weg!
Beiß den Schmerz weg!
Beiß den Schmerz weg!
Beiß den Schmerz weg!
Beiß den Schmerz weg!
Beiß den Schmerz weg!
Beiß den Schmerz weg!
Beiß den Schmerz weg!
Beiß den Schmerz weg!
Beiß den Schmerz weg!
Beiß den Schmerz weg!
Beiß den Schmerz weg!
Beiß den Schmerz weg!
Beiß den Schmerz weg!
Beiß den Schmerz weg!
Beiß den Schmerz weg!
Beiß den Schmerz weg!
Beiß den Schmerz weg!
Beiß den Schmerz weg!
Beiß den Schmerz weg!
Beiß den Schmerz weg!
Beiß den Schmerz weg!
Beiß den Schmerz weg!
Beiß den Schmerz weg!
Beiß den Schmerz weg!
Beiß den Schmerz weg!
Beiß den Schmerz weg!
Beiß den Schmerz weg!
Beiß den Schmerz weg!
Beiß den Schmerz weg!
Beiß den Schmerz weg!
Beiß den Schmerz weg!
Beiß den Schmerz weg!

Beiß den Schmerz weg!
Beiß den Schmerz weg!
Beiß den Schmerz weg!
Beiß den Schmerz weg!
Beiß den Schmerz weg!
Beiß den Schmerz weg!
Beiß den Schmerz weg!
Beiß den Schmerz weg!
Beiß den Schmerz weg!
Beiß den Schmerz weg!
Beiß den Schmerz weg!
Beiß den Schmerz weg!
Beiß den Schmerz weg!
Beiß den Schmerz weg!
Beiß den Schmerz weg!
Beiß den Schmerz weg!
Beiß den Schmerz weg!
Beiß den Schmerz weg!
Beiß den Schmerz weg!
Beiß den Schmerz weg!
Beiß den Schmerz weg!
Beiß den Schmerz weg!
Beiß den Schmerz weg!
Beiß den Schmerz weg!
Beiß den Schmerz weg!
Beiß den Schmerz weg!
Beiß den Schmerz weg!
Beiß den Schmerz weg!
Beiß den Schmerz weg!
Beiß den Schmerz weg!
Beiß den Schmerz weg!
Beiß den Schmerz weg!
Beiß den Schmerz weg!
Beiß den Schmerz weg!
Beiß den Schmerz weg!
Beiß den Schmerz weg!

Beiß den Schmerz weg!
Beiß den Schmerz weg!
Beiß den Schmerz weg!
Beiß den Schmerz weg!
Beiß den Schmerz weg!
Beiß den Schmerz weg!
Beiß den Schmerz weg!
Beiß den Schmerz weg!
Beiß den Schmerz weg!
Beiß den Schmerz weg!
Beiß den Schmerz weg!
Beiß den Schmerz weg!
Beiß den Schmerz weg!
Beiß den Schmerz weg!
Beiß den Schmerz weg!
Beiß den Schmerz weg!
Beiß den Schmerz weg!
Beiß den Schmerz weg!
Beiß den Schmerz weg!
Beiß den Schmerz weg!
Beiß den Schmerz weg!
Beiß den Schmerz weg!
Beiß den Schmerz weg!
Beiß den Schmerz weg!
Beiß den Schmerz weg!
Beiß den Schmerz weg!
Beiß den Schmerz weg!
Beiß den Schmerz weg!
Beiß den Schmerz weg!
Beiß den Schmerz weg!
Beiß den Schmerz weg!
Beiß den Schmerz weg!
Beiß den Schmerz weg!
Beiß den Schmerz weg!
Beiß den Schmerz weg!
Beiß den Schmerz weg!
Beiß den Schmerz weg!
Beiß den Schmerz weg!

Beiß den Schmerz weg!
Beiß den Schmerz weg!
Beiß den Schmerz weg!
Beiß den Schmerz weg!
Beiß den Schmerz weg!
Beiß den Schmerz weg!
Beiß den Schmerz weg!
Beiß den Schmerz weg!
Beiß den Schmerz weg!
Beiß den Schmerz weg!
Beiß den Schmerz weg!
Beiß den Schmerz weg!
Beiß den Schmerz weg!
Beiß den Schmerz weg!
Beiß den Schmerz weg!
Beiß den Schmerz weg!
Beiß den Schmerz weg!
Beiß den Schmerz weg!
Beiß den Schmerz weg!
Beiß den Schmerz weg!
Beiß den Schmerz weg!
Beiß den Schmerz weg!
Beiß den Schmerz weg!
Beiß den Schmerz weg!
Beiß den Schmerz weg!
Beiß den Schmerz weg!
Beiß den Schmerz weg!
Beiß den Schmerz weg!
Beiß den Schmerz weg!
Beiß den Schmerz weg!
Beiß den Schmerz weg!
Beiß den Schmerz weg!
Beiß den Schmerz weg!
Beiß den Schmerz weg!
Beiß den Schmerz weg!
Beiß den Schmerz weg!
Beiß den Schmerz weg!
Beiß den Schmerz weg!

Beiß den Schmerz weg!
Beiß den Schmerz weg!
Beiß den Schmerz weg!
Beiß den Schmerz weg!
Beiß den Schmerz weg!
Beiß den Schmerz weg!
Beiß den Schmerz weg!
Beiß den Schmerz weg!
Beiß den Schmerz weg!
Beiß den Schmerz weg!
Beiß den Schmerz weg!
Beiß den Schmerz weg!
Beiß den Schmerz weg!
Beiß den Schmerz weg!
Beiß den Schmerz weg!
Beiß den Schmerz weg!
Beiß den Schmerz weg!
Beiß den Schmerz weg!
Beiß den Schmerz weg!
Beiß den Schmerz weg!
Beiß den Schmerz weg!
Beiß den Schmerz weg!
Beiß den Schmerz weg!
Beiß den Schmerz weg!
Beiß den Schmerz weg!
Beiß den Schmerz weg!
Beiß den Schmerz weg!
Beiß den Schmerz weg!
Beiß den Schmerz weg!
Beiß den Schmerz weg!
Beiß den Schmerz weg!
Beiß den Schmerz weg!

Beiß den Schmerz weg!
Beiß den Schmerz weg!
Beiß den Schmerz weg!
Beiß den Schmerz weg!
Beiß den Schmerz weg!
Beiß den Schmerz weg!
Beiß den Schmerz weg!
Beiß den Schmerz weg!
Beiß den Schmerz weg!
Beiß den Schmerz weg!
Beiß den Schmerz weg!
Beiß den Schmerz weg!
Beiß den Schmerz weg!
Beiß den Schmerz weg!
Beiß den Schmerz weg!
Beiß den Schmerz weg!
Beiß den Schmerz weg!
Beiß den Schmerz weg!
Beiß den Schmerz weg!
Beiß den Schmerz weg!
Beiß den Schmerz weg!
Beiß den Schmerz weg!
Beiß den Schmerz weg!
Beiß den Schmerz weg!
Beiß den Schmerz weg!
Beiß den Schmerz weg!
Beiß den Schmerz weg!
Beiß den Schmerz weg!
Beiß den Schmerz weg!
Beiß den Schmerz weg!
Beiß den Schmerz weg!
Beiß den Schmerz weg!
Beiß den Schmerz weg!
Beiß den Schmerz weg!

Beiß den Schmerz weg!
Beiß den Schmerz weg!
Beiß den Schmerz weg!
Beiß den Schmerz weg!
Beiß den Schmerz weg!
Beiß den Schmerz weg! Beiß den Schmerz weg!
Beiß den Schmerz weg!
Beiß den Schmerz weg!
Beiß den Schmerz weg!
Beiß den Schmerz weg!
Beiß den Schmerz weg!
Beiß den Schmerz weg!
Beiß den Schmerz weg!
Beiß den Schmerz weg!
Beiß den Schmerz weg!
Beiß den Schmerz weg!
Beiß den Schmerz weg!
Beiß den Schmerz weg!
Beiß den Schmerz weg!
Beiß den Schmerz weg!
Beiß den Schmerz weg!
Beiß den Schmerz weg!
Beiß den Schmerz weg!
Beiß den Schmerz weg!
Beiß den Schmerz weg!
Beiß den Schmerz weg!
Beiß den Schmerz weg!
Beiß den Schmerz weg!
Beiß den Schmerz weg!
Beiß den Schmerz weg!
Beiß den Schmerz weg!
Beiß den Schmerz weg!
Beiß den Schmerz weg!
Beiß den Schmerz weg!
Beiß den Schmerz weg!

Beiß den Schmerz weg!
Beiß den Schmerz weg!
Beiß den Schmerz weg!
Beiß den Schmerz weg!
Beiß den Schmerz weg!
Beiß den Schmerz weg!
Beiß den Schmerz weg!
Beiß den Schmerz weg!
Beiß den Schmerz weg!
Beiß den Schmerz weg!
Beiß den Schmerz weg!
Beiß den Schmerz weg!
Beiß den Schmerz weg!
Beiß den Schmerz weg!
Beiß den Schmerz weg!
Beiß den Schmerz weg!
Beiß den Schmerz weg!
Beiß den Schmerz weg!
Beiß den Schmerz weg!
Beiß den Schmerz weg!
Beiß den Schmerz weg!
Beiß den Schmerz weg!
Beiß den Schmerz weg!
Beiß den Schmerz weg!
Beiß den Schmerz weg!
Beiß den Schmerz weg!
Beiß den Schmerz weg!
Beiß den Schmerz weg!
Beiß den Schmerz weg!
Beiß den Schmerz weg!
Beiß den Schmerz weg!
Beiß den Schmerz weg!
Beiß den Schmerz weg!
Beiß den Schmerz weg!
Beiß den Schmerz weg!
Beiß den Schmerz weg!
Beiß den Schmerz weg!
Beiß den Schmerz weg!
Beiß den Schmerz weg!
Beiß den Schmerz weg!
Beiß den Schmerz weg!
Beiß den Schmerz weg!

Beiß den Schmerz weg!
Beiß den Schmerz weg!
Beiß den Schmerz weg!
Beiß den Schmerz weg!
Beiß den Schmerz weg!
Beiß den Schmerz weg!
Beiß den Schmerz weg!
Beiß den Schmerz weg!
Beiß den Schmerz weg!
Beiß den Schmerz weg!
Beiß den Schmerz weg!
Beiß den Schmerz weg!
Beiß den Schmerz weg!
Beiß den Schmerz weg!
Beiß den Schmerz weg!
Beiß den Schmerz weg!
Beiß den Schmerz weg!
Beiß den Schmerz weg!
Beiß den Schmerz weg!
Beiß den Schmerz weg!
Beiß den Schmerz weg!
Beiß den Schmerz weg!
Beiß den Schmerz weg!
Beiß den Schmerz weg!
Beiß den Schmerz weg!
Beiß den Schmerz weg!
Beiß den Schmerz weg!
Beiß den Schmerz weg!
Beiß den Schmerz weg!
Beiß den Schmerz weg!
Beiß den Schmerz weg!
Beiß den Schmerz weg!
Beiß den Schmerz weg!
Beiß den Schmerz weg!

Beiß den Schmerz weg!
Beiß den Schmerz weg!
Beiß den Schmerz weg!
Beiß den Schmerz weg!
Beiß den Schmerz weg!
Beiß den Schmerz weg!
Beiß den Schmerz weg!
Beiß den Schmerz weg!
Beiß den Schmerz weg!
Beiß den Schmerz weg!
Beiß den Schmerz weg!
Beiß den Schmerz weg!
Beiß den Schmerz weg!
Beiß den Schmerz weg!
Beiß den Schmerz weg!
Beiß den Schmerz weg!
Beiß den Schmerz weg!
Beiß den Schmerz weg!
Beiß den Schmerz weg!
Beiß den Schmerz weg!
Beiß den Schmerz weg!
Beiß den Schmerz weg!
Beiß den Schmerz weg!
Beiß den Schmerz weg!
Beiß den Schmerz weg!
Beiß den Schmerz weg!
Beiß den Schmerz weg!
Beiß den Schmerz weg!
Beiß den Schmerz weg!
Beiß den Schmerz weg!
Beiß den Schmerz weg!
Beiß den Schmerz weg!
Beiß den Schmerz weg!

Beiß den Schmerz weg!
Beiß den Schmerz weg!
Beiß den Schmerz weg!
Beiß den Schmerz weg!
Beiß den Schmerz weg!
Beiß den Schmerz weg!
Beiß den Schmerz weg!
Beiß den Schmerz weg!
Beiß den Schmerz weg!
Beiß den Schmerz weg!
Beiß den Schmerz weg!
Beiß den Schmerz weg!
Beiß den Schmerz weg!
Beiß den Schmerz weg!
Beiß den Schmerz weg!
Beiß den Schmerz weg!
Beiß den Schmerz weg!
Beiß den Schmerz weg!
Beiß den Schmerz weg!
Beiß den Schmerz weg!
Beiß den Schmerz weg!
Beiß den Schmerz weg!
Beiß den Schmerz weg!
Beiß den Schmerz weg!
Beiß den Schmerz weg!
Beiß den Schmerz weg!
Beiß den Schmerz weg!
Beiß den Schmerz weg!
Beiß den Schmerz weg!
Beiß den Schmerz weg!
Beiß den Schmerz weg!
Beiß den Schmerz weg!
Beiß den Schmerz weg!
Beiß den Schmerz weg!
Beiß den Schmerz weg!
Beiß den Schmerz weg!
Beiß den Schmerz weg!
Beiß den Schmerz weg!
Beiß den Schmerz weg!
Beiß den Schmerz weg!
Beiß den Schmerz weg!
Beiß den Schmerz weg!
Beiß den Schmerz weg!
Beiß den Schmerz weg!

Beiß den Schmerz weg!
Beiß den Schmerz weg!
Beiß den Schmerz weg!
Beiß den Schmerz weg!
Beiß den Schmerz weg!
Beiß den Schmerz weg!
Beiß den Schmerz weg!
Beiß den Schmerz weg!
Beiß den Schmerz weg!
Beiß den Schmerz weg!
Beiß den Schmerz weg!
Beiß den Schmerz weg!
Beiß den Schmerz weg!
Beiß den Schmerz weg!
Beiß den Schmerz weg!
Beiß den Schmerz weg!
Beiß den Schmerz weg!
Beiß den Schmerz weg!
Beiß den Schmerz weg!
Beiß den Schmerz weg!
Beiß den Schmerz weg!
Beiß den Schmerz weg!
Beiß den Schmerz weg!
Beiß den Schmerz weg!
Beiß den Schmerz weg!
Beiß den Schmerz weg!
Beiß den Schmerz weg!
Beiß den Schmerz weg!
Beiß den Schmerz weg!
Beiß den Schmerz weg!
Beiß den Schmerz weg!
Beiß den Schmerz weg!
Beiß den Schmerz weg!
Beiß den Schmerz weg!

Beiß den Schmerz weg!
Beiß den Schmerz weg!
Beiß den Schmerz weg!
Beiß den Schmerz weg!
Beiß den Schmerz weg!
Beiß den Schmerz weg!
Beiß den Schmerz weg!
Beiß den Schmerz weg!
Beiß den Schmerz weg!
Beiß den Schmerz weg!
Beiß den Schmerz weg!
Beiß den Schmerz weg!
Beiß den Schmerz weg!
Beiß den Schmerz weg!
Beiß den Schmerz weg!
Beiß den Schmerz weg!
Beiß den Schmerz weg!
Beiß den Schmerz weg!
Beiß den Schmerz weg!
Beiß den Schmerz weg!
Beiß den Schmerz weg!
Beiß den Schmerz weg!
Beiß den Schmerz weg!
Beiß den Schmerz weg!
Beiß den Schmerz weg!
Beiß den Schmerz weg!
Beiß den Schmerz weg!
Beiß den Schmerz weg!
Beiß den Schmerz weg!
Beiß den Schmerz weg!
Beiß den Schmerz weg!
Beiß den Schmerz weg!
Beiß den Schmerz weg!
Beiß den Schmerz weg!
Beiß den Schmerz weg!
Beiß den Schmerz weg!
Beiß den Schmerz weg!

Beiß den Schmerz weg!
Beiß den Schmerz weg!
Beiß den Schmerz weg!
Beiß den Schmerz weg!
Beiß den Schmerz weg!
Beiß den Schmerz weg!
Beiß den Schmerz weg!
Beiß den Schmerz weg!
Beiß den Schmerz weg!
Beiß den Schmerz weg!
Beiß den Schmerz weg!
Beiß den Schmerz weg!
Beiß den Schmerz weg!
Beiß den Schmerz weg!
Beiß den Schmerz weg!
Beiß den Schmerz weg!
Beiß den Schmerz weg!
Beiß den Schmerz weg!
Beiß den Schmerz weg!
Beiß den Schmerz weg!
Beiß den Schmerz weg!
Beiß den Schmerz weg!
Beiß den Schmerz weg!
Beiß den Schmerz weg!
Beiß den Schmerz weg!
Beiß den Schmerz weg!
Beiß den Schmerz weg!
Beiß den Schmerz weg!
Beiß den Schmerz weg!
Beiß den Schmerz weg!
Beiß den Schmerz weg!
Beiß den Schmerz weg!
Beiß den Schmerz weg!

Beiß den Schmerz weg!
Beiß den Schmerz weg!
Beiß den Schmerz weg!
Beiß den Schmerz weg!
Beiß den Schmerz weg!
Beiß den Schmerz weg!
Beiß den Schmerz weg!
Beiß den Schmerz weg!
Beiß den Schmerz weg!
Beiß den Schmerz weg!
Beiß den Schmerz weg!
Beiß den Schmerz weg!
Beiß den Schmerz weg!
Beiß den Schmerz weg!
Beiß den Schmerz weg!
Beiß den Schmerz weg!
Beiß den Schmerz weg!
Beiß den Schmerz weg!
Beiß den Schmerz weg!
Beiß den Schmerz weg!
Beiß den Schmerz weg!
Beiß den Schmerz weg!
Beiß den Schmerz weg!
Beiß den Schmerz weg!
Beiß den Schmerz weg!
Beiß den Schmerz weg!
Beiß den Schmerz weg!
Beiß den Schmerz weg!
Beiß den Schmerz weg!
Beiß den Schmerz weg!
Beiß den Schmerz weg!
Beiß den Schmerz weg!
Beiß den Schmerz weg!
Beiß den Schmerz weg!
Beiß den Schmerz weg!
Beiß den Schmerz weg!

Beiß den Schmerz weg!
Beiß den Schmerz weg!
Beiß den Schmerz weg!
Beiß den Schmerz weg!
Beiß den Schmerz weg!
Beiß den Schmerz weg!
Beiß den Schmerz weg!
Beiß den Schmerz weg!
Beiß den Schmerz weg!
Beiß den Schmerz weg!
Beiß den Schmerz weg!
Beiß den Schmerz weg!
Beiß den Schmerz weg!
Beiß den Schmerz weg!
Beiß den Schmerz weg!
Beiß den Schmerz weg!
Beiß den Schmerz weg!
Beiß den Schmerz weg!
Beiß den Schmerz weg!
Beiß den Schmerz weg!
Beiß den Schmerz weg!
Beiß den Schmerz weg!
Beiß den Schmerz weg!
Beiß den Schmerz weg!
Beiß den Schmerz weg!
Beiß den Schmerz weg!
Beiß den Schmerz weg!
Beiß den Schmerz weg!
Beiß den Schmerz weg!
Beiß den Schmerz weg!
Beiß den Schmerz weg!
Beiß den Schmerz weg!
Beiß den Schmerz weg!
Beiß den Schmerz weg!

Beiß den Schmerz weg!
Beiß den Schmerz weg!
Beiß den Schmerz weg!
Beiß den Schmerz weg!
Beiß den Schmerz weg!
Beiß den Schmerz weg!
Beiß den Schmerz weg!
Beiß den Schmerz weg!
Beiß den Schmerz weg!
Beiß den Schmerz weg!
Beiß den Schmerz weg!
Beiß den Schmerz weg!
Beiß den Schmerz weg!
Beiß den Schmerz weg!
Beiß den Schmerz weg!
Beiß den Schmerz weg!
Beiß den Schmerz weg!
Beiß den Schmerz weg!
Beiß den Schmerz weg!
Beiß den Schmerz weg!
Beiß den Schmerz weg!
Beiß den Schmerz weg!
Beiß den Schmerz weg!
Beiß den Schmerz weg!
Beiß den Schmerz weg!
Beiß den Schmerz weg!
Beiß den Schmerz weg!
Beiß den Schmerz weg!
Beiß den Schmerz weg!
Beiß den Schmerz weg!
Beiß den Schmerz weg!
Beiß den Schmerz weg!
Beiß den Schmerz weg!
Beiß den Schmerz weg!
Beiß den Schmerz weg!
Beiß den Schmerz weg!

Beiß den Schmerz weg!
Beiß den Schmerz weg!
Beiß den Schmerz weg!
Beiß den Schmerz weg!
Beiß den Schmerz weg!
Beiß den Schmerz weg!
Beiß den Schmerz weg!
Beiß den Schmerz weg!
Beiß den Schmerz weg!
Beiß den Schmerz weg!
Beiß den Schmerz weg!
Beiß den Schmerz weg!
Beiß den Schmerz weg!
Beiß den Schmerz weg!
Beiß den Schmerz weg!
Beiß den Schmerz weg!
Beiß den Schmerz weg!
Beiß den Schmerz weg!
Beiß den Schmerz weg!
Beiß den Schmerz weg!
Beiß den Schmerz weg!
Beiß den Schmerz weg!
Beiß den Schmerz weg!
Beiß den Schmerz weg!
Beiß den Schmerz weg!
Beiß den Schmerz weg!
Beiß den Schmerz weg!
Beiß den Schmerz weg!
Beiß den Schmerz weg!
Beiß den Schmerz weg!
Beiß den Schmerz weg!
Beiß den Schmerz weg!
Beiß den Schmerz weg!
Beiß den Schmerz weg!
Beiß den Schmerz weg!
Beiß den Schmerz weg!

Beiß den Schmerz weg!
Beiß den Schmerz weg!
Beiß den Schmerz weg!
Beiß den Schmerz weg!
Beiß den Schmerz weg!
Beiß den Schmerz weg!
Beiß den Schmerz weg!
Beiß den Schmerz weg!
Beiß den Schmerz weg!
Beiß den Schmerz weg!
Beiß den Schmerz weg!
Beiß den Schmerz weg!
Beiß den Schmerz weg!
Beiß den Schmerz weg!
Beiß den Schmerz weg!
Beiß den Schmerz weg!
Beiß den Schmerz weg!
Beiß den Schmerz weg!
Beiß den Schmerz weg!
Beiß den Schmerz weg!
Beiß den Schmerz weg!
Beiß den Schmerz weg!
Beiß den Schmerz weg!
Beiß den Schmerz weg!
Beiß den Schmerz weg!
Beiß den Schmerz weg!
Beiß den Schmerz weg!
Beiß den Schmerz weg!
Beiß den Schmerz weg!
Beiß den Schmerz weg!
Beiß den Schmerz weg!
Beiß den Schmerz weg!
Beiß den Schmerz weg!
Beiß den Schmerz weg!
Beiß den Schmerz weg!
Beiß den Schmerz weg!
Beiß den Schmerz weg!
Beiß den Schmerz weg!
Beiß den Schmerz weg!
Beiß den Schmerz weg!
Beiß den Schmerz weg!
Beiß den Schmerz weg!
Beiß den Schmerz weg!

Beiß den Schmerz weg!
Beiß den Schmerz weg!
Beiß den Schmerz weg!
Beiß den Schmerz weg!
Beiß den Schmerz weg!
Beiß den Schmerz weg!
Beiß den Schmerz weg!
Beiß den Schmerz weg!
Beiß den Schmerz weg!
Beiß den Schmerz weg!
Beiß den Schmerz weg!
Beiß den Schmerz weg!
Beiß den Schmerz weg!
Beiß den Schmerz weg!
Beiß den Schmerz weg!
Beiß den Schmerz weg!
Beiß den Schmerz weg!
Beiß den Schmerz weg!
Beiß den Schmerz weg!
Beiß den Schmerz weg!
Beiß den Schmerz weg!
Beiß den Schmerz weg!
Beiß den Schmerz weg!
Beiß den Schmerz weg!
Beiß den Schmerz weg!
Beiß den Schmerz weg!
Beiß den Schmerz weg!
Beiß den Schmerz weg!
Beiß den Schmerz weg!
Beiß den Schmerz weg!
Beiß den Schmerz weg!
Beiß den Schmerz weg!
Beiß den Schmerz weg!
Beiß den Schmerz weg!
Beiß den Schmerz weg!
Beiß den Schmerz weg!
Beiß den Schmerz weg!
Beiß den Schmerz weg!
Beiß den Schmerz weg!
Beiß den Schmerz weg!

Beiß den Schmerz weg!
Beiß den Schmerz weg!
Beiß den Schmerz weg!
Beiß den Schmerz weg!
Beiß den Schmerz weg!
Beiß den Schmerz weg!
Beiß den Schmerz weg!
Beiß den Schmerz weg!
Beiß den Schmerz weg!
Beiß den Schmerz weg!
Beiß den Schmerz weg!
Beiß den Schmerz weg!
Beiß den Schmerz weg!
Beiß den Schmerz weg!
Beiß den Schmerz weg!
Beiß den Schmerz weg!
Beiß den Schmerz weg!
Beiß den Schmerz weg!
Beiß den Schmerz weg!
Beiß den Schmerz weg!
Beiß den Schmerz weg!
Beiß den Schmerz weg!
Beiß den Schmerz weg!
Beiß den Schmerz weg!
Beiß den Schmerz weg!
Beiß den Schmerz weg!
Beiß den Schmerz weg!
Beiß den Schmerz weg!
Beiß den Schmerz weg!
Beiß den Schmerz weg!
Beiß den Schmerz weg!
Beiß den Schmerz weg!
Beiß den Schmerz weg!

Beiß den Schmerz weg!
Beiß den Schmerz weg!
Beiß den Schmerz weg!
Beiß den Schmerz weg!
Beiß den Schmerz weg!
Beiß den Schmerz weg!
Beiß den Schmerz weg!
Beiß den Schmerz weg!
Beiß den Schmerz weg!
Beiß den Schmerz weg!
Beiß den Schmerz weg!
Beiß den Schmerz weg!
Beiß den Schmerz weg!
Beiß den Schmerz weg!
Beiß den Schmerz weg!
Beiß den Schmerz weg!
Beiß den Schmerz weg!
Beiß den Schmerz weg!
Beiß den Schmerz weg!
Beiß den Schmerz weg!
Beiß den Schmerz weg!
Beiß den Schmerz weg!
Beiß den Schmerz weg!
Beiß den Schmerz weg!
Beiß den Schmerz weg!
Beiß den Schmerz weg!
Beiß den Schmerz weg!
Beiß den Schmerz weg!
Beiß den Schmerz weg!
Beiß den Schmerz weg!
Beiß den Schmerz weg!
Beiß den Schmerz weg!
Beiß den Schmerz weg!
Beiß den Schmerz weg!

Beiß den Schmerz weg!
Beiß den Schmerz weg!
Beiß den Schmerz weg!
Beiß den Schmerz weg!
Beiß den Schmerz weg!
Beiß den Schmerz weg!
Beiß den Schmerz weg!
Beiß den Schmerz weg!
Beiß den Schmerz weg!
Beiß den Schmerz weg!
Beiß den Schmerz weg!
Beiß den Schmerz weg!
Beiß den Schmerz weg!
Beiß den Schmerz weg!
Beiß den Schmerz weg!
Beiß den Schmerz weg!
Beiß den Schmerz weg!
Beiß den Schmerz weg!
Beiß den Schmerz weg!
Beiß den Schmerz weg!
Beiß den Schmerz weg!
Beiß den Schmerz weg!
Beiß den Schmerz weg!
Beiß den Schmerz weg!
Beiß den Schmerz weg!
Beiß den Schmerz weg!
Beiß den Schmerz weg!
Beiß den Schmerz weg!
Beiß den Schmerz weg!
Beiß den Schmerz weg!
Beiß den Schmerz weg!
Beiß den Schmerz weg!
Beiß den Schmerz weg!

Beiß den Schmerz weg!
Beiß den Schmerz weg!
Beiß den Schmerz weg!
Beiß den Schmerz weg!
Beiß den Schmerz weg!
Beiß den Schmerz weg!
Beiß den Schmerz weg!
Beiß den Schmerz weg!
Beiß den Schmerz weg!
Beiß den Schmerz weg!
Beiß den Schmerz weg!
Beiß den Schmerz weg!
Beiß den Schmerz weg!
Beiß den Schmerz weg!
Beiß den Schmerz weg! Beiß den Schmerz weg!
Beiß den Schmerz weg!
Beiß den Schmerz weg!
Beiß den Schmerz weg!
Beiß den Schmerz weg!
Beiß den Schmerz weg!
Beiß den Schmerz weg!
Beiß den Schmerz weg!
Beiß den Schmerz weg!
Beiß den Schmerz weg!
Beiß den Schmerz weg!
Beiß den Schmerz weg!
Beiß den Schmerz weg!
Beiß den Schmerz weg!
Beiß den Schmerz weg!
Beiß den Schmerz weg!
Beiß den Schmerz weg!
Beiß den Schmerz weg!
Beiß den Schmerz weg!
Beiß den Schmerz weg!
Beiß den Schmerz weg!
Beiß den Schmerz weg!

Beiß den Schmerz weg!
Beiß den Schmerz weg!
Beiß den Schmerz weg!
Beiß den Schmerz weg!
Beiß den Schmerz weg!
Beiß den Schmerz weg!
Beiß den Schmerz weg!
Beiß den Schmerz weg!
Beiß den Schmerz weg!
Beiß den Schmerz weg!
Beiß den Schmerz weg!
Beiß den Schmerz weg!
Beiß den Schmerz weg!
Beiß den Schmerz weg!
Beiß den Schmerz weg!
Beiß den Schmerz weg!
Beiß den Schmerz weg!
Beiß den Schmerz weg!
Beiß den Schmerz weg!
Beiß den Schmerz weg!
Beiß den Schmerz weg!
Beiß den Schmerz weg!
Beiß den Schmerz weg!
Beiß den Schmerz weg!
Beiß den Schmerz weg!
Beiß den Schmerz weg!
Beiß den Schmerz weg!
Beiß den Schmerz weg!
Beiß den Schmerz weg!
Beiß den Schmerz weg!
Beiß den Schmerz weg!
Beiß den Schmerz weg!
Beiß den Schmerz weg!
Beiß den Schmerz weg!
Beiß den Schmerz weg!
Beiß den Schmerz weg!

Beiß den Schmerz weg!
Beiß den Schmerz weg!
Beiß den Schmerz weg!
Beiß den Schmerz weg!
Beiß den Schmerz weg!
Beiß den Schmerz weg!
Beiß den Schmerz weg!
Beiß den Schmerz weg!
Beiß den Schmerz weg!
Beiß den Schmerz weg!
Beiß den Schmerz weg!
Beiß den Schmerz weg!
Beiß den Schmerz weg!
Beiß den Schmerz weg!
Beiß den Schmerz weg!
Beiß den Schmerz weg!
Beiß den Schmerz weg!
Beiß den Schmerz weg!
Beiß den Schmerz weg!
Beiß den Schmerz weg!
Beiß den Schmerz weg!
Beiß den Schmerz weg!
Beiß den Schmerz weg!
Beiß den Schmerz weg!
Beiß den Schmerz weg!
Beiß den Schmerz weg!
Beiß den Schmerz weg!
Beiß den Schmerz weg!
Beiß den Schmerz weg!
Beiß den Schmerz weg!
Beiß den Schmerz weg!
Beiß den Schmerz weg!
Beiß den Schmerz weg!

Beiß den Schmerz weg!
Beiß den Schmerz weg!
Beiß den Schmerz weg!
Beiß den Schmerz weg!
Beiß den Schmerz weg!
Beiß den Schmerz weg!
Beiß den Schmerz weg!
Beiß den Schmerz weg!
Beiß den Schmerz weg!
Beiß den Schmerz weg!
Beiß den Schmerz weg!
Beiß den Schmerz weg!
Beiß den Schmerz weg!
Beiß den Schmerz weg!
Beiß den Schmerz weg!
Beiß den Schmerz weg!
Beiß den Schmerz weg!
Beiß den Schmerz weg!
Beiß den Schmerz weg!
Beiß den Schmerz weg!
Beiß den Schmerz weg!
Beiß den Schmerz weg!
Beiß den Schmerz weg!
Beiß den Schmerz weg!
Beiß den Schmerz weg!
Beiß den Schmerz weg!
Beiß den Schmerz weg!
Beiß den Schmerz weg!
Beiß den Schmerz weg!
Beiß den Schmerz weg!
Beiß den Schmerz weg!
Beiß den Schmerz weg!
Beiß den Schmerz weg!
Beiß den Schmerz weg!
Beiß den Schmerz weg!
Beiß den Schmerz weg!
Beiß den Schmerz weg!
Beiß den Schmerz weg!
Beiß den Schmerz weg!
Beiß den Schmerz weg!
Beiß den Schmerz weg!

Beiß den Schmerz weg!
Beiß den Schmerz weg!
Beiß den Schmerz weg!
Beiß den Schmerz weg!
Beiß den Schmerz weg!
Beiß den Schmerz weg!
Beiß den Schmerz weg!
Beiß den Schmerz weg!
Beiß den Schmerz weg!
Beiß den Schmerz weg!
Beiß den Schmerz weg!
Beiß den Schmerz weg!
Beiß den Schmerz weg!
Beiß den Schmerz weg!
Beiß den Schmerz weg!
Beiß den Schmerz weg!
Beiß den Schmerz weg!
Beiß den Schmerz weg!
Beiß den Schmerz weg!
Beiß den Schmerz weg!
Beiß den Schmerz weg!
Beiß den Schmerz weg!
Beiß den Schmerz weg!
Beiß den Schmerz weg!
Beiß den Schmerz weg!
Beiß den Schmerz weg!
Beiß den Schmerz weg!
Beiß den Schmerz weg!
Beiß den Schmerz weg!
Beiß den Schmerz weg!
Beiß den Schmerz weg!
Beiß den Schmerz weg!
Beiß den Schmerz weg!
Beiß den Schmerz weg!

Beiß den Schmerz weg!
Beiß den Schmerz weg!
Beiß den Schmerz weg!
Beiß den Schmerz weg!
Beiß den Schmerz weg!
Beiß den Schmerz weg!
Beiß den Schmerz weg!
Beiß den Schmerz weg!
Beiß den Schmerz weg!
Beiß den Schmerz weg!
Beiß den Schmerz weg!
Beiß den Schmerz weg!
Beiß den Schmerz weg!
Beiß den Schmerz weg!
Beiß den Schmerz weg!
Beiß den Schmerz weg!
Beiß den Schmerz weg!
Beiß den Schmerz weg!
Beiß den Schmerz weg!
Beiß den Schmerz weg!
Beiß den Schmerz weg!
Beiß den Schmerz weg!
Beiß den Schmerz weg!
Beiß den Schmerz weg!
Beiß den Schmerz weg!
Beiß den Schmerz weg!
Beiß den Schmerz weg!
Beiß den Schmerz weg!
Beiß den Schmerz weg!
Beiß den Schmerz weg!
Beiß den Schmerz weg!
Beiß den Schmerz weg!
Beiß den Schmerz weg!
Beiß den Schmerz weg!
Beiß den Schmerz weg!
Beiß den Schmerz weg!
Beiß den Schmerz weg!
Beiß den Schmerz weg!
Beiß den Schmerz weg!
Beiß den Schmerz weg!
Beiß den Schmerz weg!

Beiß den Schmerz weg!
Beiß den Schmerz weg!
Beiß den Schmerz weg!
Beiß den Schmerz weg!
Beiß den Schmerz weg!
Beiß den Schmerz weg!
Beiß den Schmerz weg!
Beiß den Schmerz weg!
Beiß den Schmerz weg!
Beiß den Schmerz weg!
Beiß den Schmerz weg!
Beiß den Schmerz weg!
Beiß den Schmerz weg!
Beiß den Schmerz weg!
Beiß den Schmerz weg!
Beiß den Schmerz weg!
Beiß den Schmerz weg!
Beiß den Schmerz weg!
Beiß den Schmerz weg!
Beiß den Schmerz weg!
Beiß den Schmerz weg!
Beiß den Schmerz weg!
Beiß den Schmerz weg!
Beiß den Schmerz weg!
Beiß den Schmerz weg!
Beiß den Schmerz weg!
Beiß den Schmerz weg!
Beiß den Schmerz weg!
Beiß den Schmerz weg!
Beiß den Schmerz weg!
Beiß den Schmerz weg!
Beiß den Schmerz weg!
Beiß den Schmerz weg!
Beiß den Schmerz weg!

Beiß den Schmerz weg!
Beiß den Schmerz weg!
Beiß den Schmerz weg!
Beiß den Schmerz weg!
Beiß den Schmerz weg!
Beiß den Schmerz weg!
Beiß den Schmerz weg!
Beiß den Schmerz weg!
Beiß den Schmerz weg!
Beiß den Schmerz weg!
Beiß den Schmerz weg!
Beiß den Schmerz weg!
Beiß den Schmerz weg!
Beiß den Schmerz weg!
Beiß den Schmerz weg!
Beiß den Schmerz weg!
Beiß den Schmerz weg!
Beiß den Schmerz weg!
Beiß den Schmerz weg!
Beiß den Schmerz weg!
Beiß den Schmerz weg!
Beiß den Schmerz weg!
Beiß den Schmerz weg!
Beiß den Schmerz weg!
Beiß den Schmerz weg!
Beiß den Schmerz weg!
Beiß den Schmerz weg!
Beiß den Schmerz weg!
Beiß den Schmerz weg!
Beiß den Schmerz weg!
Beiß den Schmerz weg!
Beiß den Schmerz weg!
Beiß den Schmerz weg!
Beiß den Schmerz weg!
Beiß den Schmerz weg!
Beiß den Schmerz weg!

Beiß den Schmerz weg!
Beiß den Schmerz weg!
Beiß den Schmerz weg!
Beiß den Schmerz weg!
Beiß den Schmerz weg!
Beiß den Schmerz weg!
Beiß den Schmerz weg!
Beiß den Schmerz weg!
Beiß den Schmerz weg!
Beiß den Schmerz weg!
Beiß den Schmerz weg!
Beiß den Schmerz weg!
Beiß den Schmerz weg!
Beiß den Schmerz weg!
Beiß den Schmerz weg!
Beiß den Schmerz weg!
Beiß den Schmerz weg!
Beiß den Schmerz weg!
Beiß den Schmerz weg!
Beiß den Schmerz weg!
Beiß den Schmerz weg!
Beiß den Schmerz weg!
Beiß den Schmerz weg!
Beiß den Schmerz weg!
Beiß den Schmerz weg!
Beiß den Schmerz weg!
Beiß den Schmerz weg!
Beiß den Schmerz weg!
Beiß den Schmerz weg!
Beiß den Schmerz weg!
Beiß den Schmerz weg!
Beiß den Schmerz weg!
Beiß den Schmerz weg!
Beiß den Schmerz weg!
Beiß den Schmerz weg!
Beiß den Schmerz weg!
Beiß den Schmerz weg!
Beiß den Schmerz weg!
Beiß den Schmerz weg!
Beiß den Schmerz weg!
Beiß den Schmerz weg!
Beiß den Schmerz weg!
Beiß den Schmerz weg!
Beiß den Schmerz weg!
Beiß den Schmerz weg!

Beiß den Schmerz weg!
Beiß den Schmerz weg!
Beiß den Schmerz weg!
Beiß den Schmerz weg!
Beiß den Schmerz weg!
Beiß den Schmerz weg!
Beiß den Schmerz weg!
Beiß den Schmerz weg!
Beiß den Schmerz weg!
Beiß den Schmerz weg!
Beiß den Schmerz weg!
Beiß den Schmerz weg!
Beiß den Schmerz weg!
Beiß den Schmerz weg!
Beiß den Schmerz weg!
Beiß den Schmerz weg!
Beiß den Schmerz weg!
Beiß den Schmerz weg!
Beiß den Schmerz weg!
Beiß den Schmerz weg!
Beiß den Schmerz weg!
Beiß den Schmerz weg!
Beiß den Schmerz weg!
Beiß den Schmerz weg!
Beiß den Schmerz weg!
Beiß den Schmerz weg!
Beiß den Schmerz weg!
Beiß den Schmerz weg!
Beiß den Schmerz weg!
Beiß den Schmerz weg!
Beiß den Schmerz weg!
Beiß den Schmerz weg!
Beiß den Schmerz weg!

Beiß den Schmerz weg!
Beiß den Schmerz weg!
Beiß den Schmerz weg!
Beiß den Schmerz weg!
Beiß den Schmerz weg!
Beiß den Schmerz weg!
Beiß den Schmerz weg!
Beiß den Schmerz weg!
Beiß den Schmerz weg!
Beiß den Schmerz weg!
Beiß den Schmerz weg!
Beiß den Schmerz weg!
Beiß den Schmerz weg!
Beiß den Schmerz weg!
Beiß den Schmerz weg!
Beiß den Schmerz weg!
Beiß den Schmerz weg!
Beiß den Schmerz weg!
Beiß den Schmerz weg!
Beiß den Schmerz weg!
Beiß den Schmerz weg!
Beiß den Schmerz weg!
Beiß den Schmerz weg!
Beiß den Schmerz weg!
Beiß den Schmerz weg!
Beiß den Schmerz weg!
Beiß den Schmerz weg!
Beiß den Schmerz weg!
Beiß den Schmerz weg!
Beiß den Schmerz weg!
Beiß den Schmerz weg!
Beiß den Schmerz weg!
Beiß den Schmerz weg!
Beiß den Schmerz weg!
Beiß den Schmerz weg!
Beiß den Schmerz weg!

Beiß den Schmerz weg!
Beiß den Schmerz weg!
Beiß den Schmerz weg!
Beiß den Schmerz weg!
Beiß den Schmerz weg!
Beiß den Schmerz weg!
Beiß den Schmerz weg!
Beiß den Schmerz weg!
Beiß den Schmerz weg!
Beiß den Schmerz weg!
Beiß den Schmerz weg!
Beiß den Schmerz weg!
Beiß den Schmerz weg!
Beiß den Schmerz weg!
Beiß den Schmerz weg!
Beiß den Schmerz weg!
Beiß den Schmerz weg!
Beiß den Schmerz weg!
Beiß den Schmerz weg!
Beiß den Schmerz weg!
Beiß den Schmerz weg!
Beiß den Schmerz weg!
Beiß den Schmerz weg!
Beiß den Schmerz weg!
Beiß den Schmerz weg!
Beiß den Schmerz weg!
Beiß den Schmerz weg!
Beiß den Schmerz weg!
Beiß den Schmerz weg!
Beiß den Schmerz weg!
Beiß den Schmerz weg!
Beiß den Schmerz weg!
Beiß den Schmerz weg!
Beiß den Schmerz weg!
Beiß den Schmerz weg!
Beiß den Schmerz weg!

Beiß den Schmerz weg!
Beiß den Schmerz weg!
Beiß den Schmerz weg!
Beiß den Schmerz weg!
Beiß den Schmerz weg!
Beiß den Schmerz weg!
Beiß den Schmerz weg!
Beiß den Schmerz weg!
Beiß den Schmerz weg!
Beiß den Schmerz weg!
Beiß den Schmerz weg!
Beiß den Schmerz weg!
Beiß den Schmerz weg!
Beiß den Schmerz weg!
Beiß den Schmerz weg!
Beiß den Schmerz weg!
Beiß den Schmerz weg!
Beiß den Schmerz weg!
Beiß den Schmerz weg!
Beiß den Schmerz weg!
Beiß den Schmerz weg!
Beiß den Schmerz weg!
Beiß den Schmerz weg!
Beiß den Schmerz weg!
Beiß den Schmerz weg!
Beiß den Schmerz weg!
Beiß den Schmerz weg!
Beiß den Schmerz weg!
Beiß den Schmerz weg!
Beiß den Schmerz weg!
Beiß den Schmerz weg!
Beiß den Schmerz weg!
Beiß den Schmerz weg!
Beiß den Schmerz weg!
Beiß den Schmerz weg!
Beiß den Schmerz weg!
Beiß den Schmerz weg!
Beiß den Schmerz weg!
Beiß den Schmerz weg!
Beiß den Schmerz weg!

Beiß den Schmerz weg!
Beiß den Schmerz weg!
Beiß den Schmerz weg!
Beiß den Schmerz weg!
Beiß den Schmerz weg!
Beiß den Schmerz weg!
Beiß den Schmerz weg!
Beiß den Schmerz weg!
Beiß den Schmerz weg!
Beiß den Schmerz weg!
Beiß den Schmerz weg!
Beiß den Schmerz weg!
Beiß den Schmerz weg!
Beiß den Schmerz weg!
Beiß den Schmerz weg!
Beiß den Schmerz weg!
Beiß den Schmerz weg!
Beiß den Schmerz weg!
Beiß den Schmerz weg!
Beiß den Schmerz weg!
Beiß den Schmerz weg!
Beiß den Schmerz weg!
Beiß den Schmerz weg!
Beiß den Schmerz weg!
Beiß den Schmerz weg!
Beiß den Schmerz weg!
Beiß den Schmerz weg!
Beiß den Schmerz weg!
Beiß den Schmerz weg!
Beiß den Schmerz weg!
Beiß den Schmerz weg!
Beiß den Schmerz weg!

Beiß den Schmerz weg!
Beiß den Schmerz weg!
Beiß den Schmerz weg!
Beiß den Schmerz weg!
Beiß den Schmerz weg!
Beiß den Schmerz weg!
Beiß den Schmerz weg!
Beiß den Schmerz weg!
Beiß den Schmerz weg!
Beiß den Schmerz weg!
Beiß den Schmerz weg!
Beiß den Schmerz weg!
Beiß den Schmerz weg!
Beiß den Schmerz weg!
Beiß den Schmerz weg!
Beiß den Schmerz weg!
Beiß den Schmerz weg!
Beiß den Schmerz weg!
Beiß den Schmerz weg!
Beiß den Schmerz weg!
Beiß den Schmerz weg!
Beiß den Schmerz weg!
Beiß den Schmerz weg!
Beiß den Schmerz weg!
Beiß den Schmerz weg!
Beiß den Schmerz weg!
Beiß den Schmerz weg!
Beiß den Schmerz weg!
Beiß den Schmerz weg!
Beiß den Schmerz weg!
Beiß den Schmerz weg!
Beiß den Schmerz weg!
Beiß den Schmerz weg!
Beiß den Schmerz weg!
Beiß den Schmerz weg!
Beiß den Schmerz weg!
Beiß den Schmerz weg!
Beiß den Schmerz weg!
Beiß den Schmerz weg!
Beiß den Schmerz weg!
Beiß den Schmerz weg!

Beiß den Schmerz weg!
Beiß den Schmerz weg!
Beiß den Schmerz weg!
Beiß den Schmerz weg!
Beiß den Schmerz weg!
Beiß den Schmerz weg!
Beiß den Schmerz weg!
Beiß den Schmerz weg!
Beiß den Schmerz weg!
Beiß den Schmerz weg!
Beiß den Schmerz weg!
Beiß den Schmerz weg!
Beiß den Schmerz weg!
Beiß den Schmerz weg!
Beiß den Schmerz weg!
Beiß den Schmerz weg!
Beiß den Schmerz weg!
Beiß den Schmerz weg!
Beiß den Schmerz weg!
Beiß den Schmerz weg!
Beiß den Schmerz weg!
Beiß den Schmerz weg!
Beiß den Schmerz weg!
Beiß den Schmerz weg!
Beiß den Schmerz weg!
Beiß den Schmerz weg!
Beiß den Schmerz weg!
Beiß den Schmerz weg!
Beiß den Schmerz weg!
Beiß den Schmerz weg!
Beiß den Schmerz weg!
Beiß den Schmerz weg!
Beiß den Schmerz weg!
Beiß den Schmerz weg!
Beiß den Schmerz weg!

Beiß den Schmerz weg!
Beiß den Schmerz weg!
Beiß den Schmerz weg!
Beiß den Schmerz weg!
Beiß den Schmerz weg!
Beiß den Schmerz weg!
Beiß den Schmerz weg!
Beiß den Schmerz weg!
Beiß den Schmerz weg!
Beiß den Schmerz weg!
Beiß den Schmerz weg!
Beiß den Schmerz weg!
Beiß den Schmerz weg!
Beiß den Schmerz weg!
Beiß den Schmerz weg!
Beiß den Schmerz weg!
Beiß den Schmerz weg!
Beiß den Schmerz weg!
Beiß den Schmerz weg!
Beiß den Schmerz weg!
Beiß den Schmerz weg!
Beiß den Schmerz weg!
Beiß den Schmerz weg!
Beiß den Schmerz weg!
Beiß den Schmerz weg!
Beiß den Schmerz weg!
Beiß den Schmerz weg!
Beiß den Schmerz weg!
Beiß den Schmerz weg!
Beiß den Schmerz weg!
Beiß den Schmerz weg!
Beiß den Schmerz weg!
Beiß den Schmerz weg!
Beiß den Schmerz weg!
Beiß den Schmerz weg!

Beiß den Schmerz weg!
Beiß den Schmerz weg!
Beiß den Schmerz weg!
Beiß den Schmerz weg!
Beiß den Schmerz weg!
Beiß den Schmerz weg!
Beiß den Schmerz weg!
Beiß den Schmerz weg!
Beiß den Schmerz weg!
Beiß den Schmerz weg!
Beiß den Schmerz weg!
Beiß den Schmerz weg!
Beiß den Schmerz weg!
Beiß den Schmerz weg!
Beiß den Schmerz weg!
Beiß den Schmerz weg!
Beiß den Schmerz weg!
Beiß den Schmerz weg!
Beiß den Schmerz weg!
Beiß den Schmerz weg!
Beiß den Schmerz weg!
Beiß den Schmerz weg!
Beiß den Schmerz weg!